IN PRAISE
OF SIMPLE
PHYSICS

物理就是这么酷

玩转那些纠结又迷人的物理学问题

[美] 保罗 · J. 纳辛（Paul J.Nahin）◎ 著　孙则书 ◎ 译

The Science and Mathematics
behind Everyday Questions

中国科学技术出版社
·北　京·

图书在版编目（CIP）数据

物理就是这么酷：玩转那些纠结又迷人的物理学问题 /（美）保罗 · J. 纳辛著；孙则书译 . -- 北京：中国科学技术出版社，2022.1（2023.12 重印）

书名原文：In Praise of Simple Physics: The Science and Mathematics behind Everyday Questions

ISBN 978-7-5046-9299-3

Ⅰ．①物… Ⅱ．①保… ②孙… Ⅲ．①物理学－普及读物 Ⅳ．① O4-49

中国版本图书馆 CIP 数据核字 (2021) 第 237797 号

策划编辑　申永刚　刘　畅
执行策划　黄　河　桂　林
责任编辑　申永刚
特约编辑　阮小雁　林　晖　魏心遥
封面设计　东合社 · 安宁
版式设计　蔡炎斌
责任印制　李晓霖

出　　版　中国科学技术出版社
发　　行　中国科学技术出版社有限公司发行部
地　　址　北京市海淀区中关村南大街 16 号
邮　　编　100081
发行电话　010-62173865
传　　真　010-62173081
网　　址　http://www.cspbooks.com.cn

开　　本　787mm × 1092mm　1/16
字　　数　270 千字
印　　张　19
版　　次　2022 年 1 月第 1 版
印　　次　2023 年 12 月第 3 次印刷
印　　刷　深圳市精彩印联合印务有限公司
书　　号　ISBN 978-7-5046-9299-3/O.2093
定　　价　59.80 元

（凡购买本社图书，如有缺页、倒页、脱页者，本社发行部负责调换）

致中国读者的信

To my Chinese readers:

I wrote this book to illustrate how an understanding of science and mathematics gives humans the unique power to comprehend the workings of the physical world. For you to be reading this book tells me you value such intellectual activity — and really, I am not at all surprised at that. After all, Chinese culture and history has a history of discovery and invention in science and mathematics that stretches back in time to the most ancient records we have of human thought. My hope is that there are readers of this book — maybe *you*? — who will continue that great tradition. So, sharpen your pencils, power-up your calculators, and off we go!

Best, Paul J. Nahin
University of New Hampshire, USA

致我的中国读者:

我写这本书是为了说明对科学和数学的理解是如何赋予人类独特力量，让我们得以领会物理世界的运作方式。正要读这本书的你告诉我，你很重视这样的智力活动——说真的，我一点也不惊讶。毕竟，中国在科学和数学方面有一段发现与发明的文化历史，这可以追溯到人类思想最古老的记录。我希望有人来阅读这本书——谁将继续这个伟大的传统？也许就是你？所以，削尖你的铅笔，打开你的计算器，让我们开始吧！

送上最好的祝福。

保罗·J. 纳辛
新罕布什尔大学，美国

For
Patricia Ann

献给
帕特丽夏·安

权威推荐

美国数学协会（MAA）

和之前的书一样，纳辛的写作采用聊天的方式，娓娓道来却又主题鲜明、风趣幽默……学习物理和数学的学生如果想要看看他们正在或即将学习的概念及一些有趣的实例，那么本书无疑极具吸引力。那些正在为教程寻找有趣思想或丰富素材的教师，也会有寻到宝藏的欣喜之感。

欧洲数学学会（The European Mathematical Society）

纳辛知道如何抓住读者的眼球。购买他的任何一本书你都不会后悔，我敢保证。读完《物理就是这么酷》后，你还会再次拿起这本书，查看他的模型和解决方法。

克里斯托弗·G. 塔利（Christopher G. Tully）
普林斯顿大学物理学教授

《物理就是这么酷》是一本高品质的书：思想深刻、源于历史、写作认真且富于智慧。阅读这本书是一种享受。

托马斯·M. 赫利维尔（T. M. Helliwell）
美国顶尖文理学院哈维穆德学院物理学名誉教授

无论你是科学家还是只懂一丁点数学和物理知识的门外汉，或者任何程度的学生（只要懂点微积分或是有学习的愿望），都会对这本书的每个章节爱不释手。

延斯·佐恩（Jens Zorn）
密歇根大学物理学名誉教授

探索传统物理问题的书往往毫无感情，完全没有幽默感，但在《物理就是这么酷》中，保罗·J. 纳辛以丰富的幽默感稍微展现了自己的才能，而且给自己留了一点必要的余地来讲述有关数学的故事。本书鼓励读者去思考日常生活现象背后的物理学知识。

保罗·哈尔彭（Paul Halpern）
《爱因斯坦的骰子和薛定谔的猫》（*Einstein's Dice and Schrödinger's Cat*）作者

从一只足球的路径到夜晚的天空为什么是黑色的，《物理就是这么酷》巧妙地分析了基本物理学原理、聪明的想法和基础数学是如何一起对各式各样的自然现象做出让人满意的解释的。

纳辛的幽默和他采用的例子都极吸引人，准备好你的好奇心和赞美，然后深入这本意义非凡的书吧！

奥斯卡·费尔南德兹（Oscar Fernandez）
《日常生活里的微积分》（*Everyday Calculus*）作者

只要你对日常生活中的物理现象感兴趣，《物理就是这么酷》就是你的必备读物。保罗·J. 纳辛用二十多个实例，清楚明了地解释了日常现象背后的物理学和数学原理，而且这本书对数学模型也有很好的介绍。

数学博客网（*Math-Blog*）

很有趣！可以幽默地解决日常生活中的物理和数学问题。

《选择》杂志（*Choice*）

对于想要知道如何用基本物理学原理解释自然现象的人来说，这是一本极好的书……《物理就是这么酷》堪称完美，它演示了一些解决简单物理学问题的巧妙方法。

CONTENTS 目录

在物理迷宫探险

序言

物理学是一杯以各种配料精酿而成的美味啤酒。在了解自然的旅程中，仅用一种物理学方法显然不够。实验和观察当然必不可少，概念、图片、想象、数学、物理直觉以及逻辑一致性也是必需的工具和方法。物理学就像一座迷宫，我们就是置身其中的探险家，期待并享受着拐角处神秘而刺激的惊喜——胆小鬼勿进！

教授和学习物理就像一枚硬币的正反面，可通过多种方法实现。做实验，参与讲座和问题研讨会，利用计算机进行辅助分析，参阅书籍文献，如此等等，都有助于我们理解物理学知识。

各种物理学书籍的讲述方式也各有其特点。有些书是“自上而下”式的，先列出物理学定律，再给出例子和应用；有些书基于物理学的发展史，讲述物理理论的发展经历了多么惊心动魄的急转弯，进入死胡同后又如何柳暗花明别有洞天，尽管真实的情况可能并不如作者想象的那般富有戏剧性；有些书则围绕着物理学概念进行阐述，视数学运算如同洪水猛兽，避之而唯恐不及；也有些书满篇都是数学分析，但极少涉及物理学概念、图解和应用。当然，以上罗列的每一种方式都有其优点。

在《物理就是这么酷》中，保罗·J. 纳辛展示了物理学令人耳目一新的一面。他向我们介绍了一些非常有趣的例子，并告诉我们如何运用简单的物理学原理，应对五花八门的情况，解决各式各样的问题和谜团。

本书涉及的话题很丰富，也很有趣。怎样从可再生资源中获得更多能源？第 3 章“风的能量”和第 6 章“水的能量”会告诉你答案；第 19 章“运输管旅行”则充满了未来主义色彩。怎样以最佳方式接住棒球？怎样在车库里测量重力加速度 g？夜空为什么呈现暗色？伟大的艾萨克·牛顿（*Isaac Newton*）犯了哪些错？这些有趣的问题本书都会讲到。甚至，这本书还告诉你一个巧妙的办法，只要上楼一趟，就能判断出地下室里的 3 个开关到底哪个控制着阁楼上的灯泡。

我本人从这本书中获益良多。长期以来，我一直和物理学打交道，在大学里教授物理学也已有很多年，但是学无止境，我总是感到有很多东西值得学习。比如，我一直习惯用量纲分析来解决力学问题，这种方法要求方程式中质量、长度及时间的基本物理单位保持一致。本书给出的几个采用量纲分析的力学例子非常漂亮，解决问题的方式是我前所未见的！

本书在问题的分析方面可不像小猫漫步那样轻手轻脚的，读者最好了解一些基础的微积分知识。这本书也没有将数学撇开，如果在解决问题时需要用到一两个积分运算，纳辛不会省略这个步骤，像挥动魔法棒的巫师那样说“经过积分运算后的结果来啦……”他会一五一十地告诉你所有细节。所以，如果你对简单微积分已非常了解，完全可以跳过那些略显枯燥的微积分公式，直接欣赏后面简洁明了的解题过程。但如果你对微积分不太了解，或者已把上学时学过的微积分知识全都还给了老师，你就可以详细阅读每个步骤，并在此过程中真正理解那些以前从来没弄明白过或者久已遗忘的知识。

如果你以前读过纳辛的书，那么这本书正如你所期待的一样，讨论的话题非常轻松有趣，有时甚至令人惊喜。无论你是科学家还是只懂一丁点儿数学和物理知识的门外汉，或者你是任何程度的学生（只要懂点微积分或是有学习的愿望），都会对这本书的每个章节爱不释手。

托马斯·M. 赫利维尔

伯顿·贝廷根物理学名誉教授

美国加利福尼亚州，克莱尔蒙特市，哈维穆德学院

2015 年 2 月

引子 几道热身趣味题

物理学应力求简单，但不能过于简单。

——**阿尔伯特·爱因斯坦（Albert Einstein）**

教授物理学中的热学就像教唱歌一样简单。

只要你转变想法，就会发现问题变得简单多了！

——**马克·泽曼斯基[①]（Mark Zemansky）**

毕竟，数学论证只不过是条理性的常识。

——**乔治·达尔文[②]（George Darwin）**

我一直很好奇地观察“大街上的人”（假设这个短语真的很有意义）在获知惊人的科学新发现后会做出怎样的反应。人们常见的反应是惊讶，但偶尔也会反应过度。例如，几年前，欧洲核子研究中心（Conseil Européenne pour la Recherche Nucléaire，以下简称 CERN，世界上最大的粒子物理学实验室，位于日内瓦附近）宣布观察到比光速还快的中微子。貌似我有那么点儿幸灾乐祸的小心思，我记得当我在电视上得知这一消息时的想法——有人需要重新校正测量工具了！

不过，我高中时代的一位朋友（偶尔我还和他互通电邮）却激动无比，这令我困惑不已。他是一名训练有素的律师，但据我所知，他对狭义相对论及其数学论证知之甚少。就 CERN 发布的这一消息，他给我写了一封热情洋溢的电邮，而我的回信则显得不那么热情，因此他对我颇有微词。第二年，我们又重复了同样的尴尬。2012 年，CERN 宣布可能发现了希格斯玻色子（也称为“上帝粒子”）。听到这一消息后，我的这位朋友立即化身为兴奋的拉拉队员，而我则是那个派对上无精打采、令人扫兴的人。我承认，我更愿意相信这些新发现是有价值的，但是，我依然感到困惑：每当物理学中出现惊人的但仍比较初级的发现时，为什么这个聪明人愿意（确切地说，是“肯定渴望”）追随大流、一如既往地兴奋不已呢？他可是从业几十年的功成名就的资深律师啊！

但我不得不承认，我的这位朋友并未像许多其他美国人那样在科学中迷失。在《美国物理学杂志》（*American Journal of Physics*）1996 年 10 月刊中，特邀编辑迈克尔·舍默（Michael Shemer），也即《人为什么会相信一些稀奇古怪的东西》（*Why People Believe Weird Things*）一书的作者，在一篇文章中引用了 1990 年的盖洛普（Gallup Poll）民意调查的结果。该调查显示：美国一半以上的成年人相信占星术，近一半人认为恐龙曾经和人类生活在同一时期，超过 1/3 的人相信幽灵的存在。我想，自那次调查后的二十多年来，这些数据并不会改变多少（即使有所改变，也不会变得更好）。舍默对此的解释是：“人们无法接受现实。”

除了那些列在盖洛普民意调查上的事件外，人们对百慕大三角、尼斯湖水怪、大脚怪，当然还有 51 区（一处位于新墨西哥州的绝密美国空军基地，据说那儿藏有神秘的外星人飞船，即 UFO），都抱有广泛的兴趣。好莱坞的电影制作人爱死这种“傻、憨、笨”的人了。为什么不呢？从那些不明就里、容易上当受骗的观众那里，他们能赚到一大笔钱。除此之外，他们的科幻电影在阻止人们狂热地相信那些不靠谱的“科学”[3]方面，可没做过什么正事。

在对这个现象思考过一段时间后，我得出了结论：人们之所以会如此激动，是因为这些事看起来就像魔法一样。中微子的速度比光速还快！天啊，那么《星际迷航》（*Star Trek*）中那些令我们惊呼尖叫的事情可能真的会发生！比如，地球人有可能在其他星系和外星人会面，时光有可能倒流……因此，我又有了另一个结论，尽管这一结论仍然令人沮丧：许多人都觉得日常生活在某种程度上没有激情，或者缺乏激情。意识到这点令我悲哀，因为这种观念大错特错。日常生活充满了奇妙之处，我们完全没必要沉湎于幻想中。对很多人而言，日常生活的确看起来平淡无奇，但只要他们知道如何对眼前发生的事进行分析，他们也许会发现，很多事件背后的原理是如此迷人，甚至令人讶异，然而它们之所以会发生也是理所当然的。

我的这位律师朋友和其他有着类似激情的人们所欠缺的，是基础的物理学和数学知识。美国有这么一种源远流长的传统：受过教育的人要掌握一定的科学知识。这一传统可以追溯至美国独立时期。18 世纪中期，欧洲大陆和英国的大学里一直按惯例教授牛顿理论，这对美国的开国元勋们产生了深刻的影响。例如，年轻的本杰明·富兰克林（Benjamin Franklin）在伦敦时渴望拜访牛顿；詹姆斯·麦迪逊（James Madison）（当时是普林斯顿大学的本科生）写了一篇将人类世界和自然界相比较的文章；托马斯·杰斐逊（Thomas Jefferson）起草的《独立宣言》（*United States Declaration of Independence*）字里行间分明透露着“自然法”思想的光芒，这可以直接追溯至他曾熟读的牛顿的《原理》（*Principia*）以及受到这种思想影响的其他人的作品，比如约翰·洛克（John Locke）和伏尔泰（Voltaire）。[4]

不过，我在这本书中谈论的知识，绝不要求读者必须是一个博士级别的理论物理学家，或者是才能出众、能熟练运用微积分的数学天才，这点我可以向你保证。如果你正在研究穿越虫洞的时间机器内部会发生什么，或者大爆炸的 10^{-10} 秒后的宇宙是什么样子的，那么，广义相对论、量子力学和张量理论将对你大有裨益。但很遗憾，本书既不讨论虫洞，也不研究宇宙大爆炸，我们的话题更接近日常生活。我们探讨的事情在生活中会见到，或者做个小实验就能看到。千万别误会我，我可没有贬低高深知识的用意，对数学物理学（再次重申，本书中绝不需要这些知识）的深刻理解的确能为我们洞开奇妙世界的大门。试想，当那些令人惊讶的事件展现在我们面前时，我的那位朋友一定会兴奋不已（很可能他会用邮件淹没我）。请看，一篇发表于25年前的文章有着如下令人震惊的开篇：

设想有一个陌生文明的外星球，其球体内部已演变成一个巨大的绝缘体，并且正在缓慢冷却。假设这个星球上的居民并不知道他们的星球在低于一定温度时会转变为金属状态，那么，在一段时间后，居民们将研究出他们自己的物理学定律和化学定律。然而，当这个绝缘体冷却后，会突然变成一个金属球，这对该星球上的居民而言，就像是物理定律突然被颠覆似的——穿越整个星球的巨大的电磁场突然消失不见，波的传播方式不再是原来的样子，如此等等。居民的生存有其本身的生物特性，但很有可能，新的物理学定律和化学定律并不支持他们的生物特性，因而这一转变将即刻对该星球上的文明产生致命影响。我们所在的宇宙是否也有可能出现物理学定律的骤变？要不是在弱电磁相互作用的标准模型中这种转变已经出现（在原文中强调了这一点），这个问题看起来简直荒唐可笑！⑤

作者解释道，在很久以前的宇宙大爆炸之后，这种物理学定律的骤变就已发生了，我们今天所知的法则就是这种骤变的结果。但是，这种骤变会再次发生吗？根据这篇文章，如果我们今天所知的没有质量的光子突然变成有质量的，那么这样的骤变就会发生！这将导致灾难性的后果，其中一个后果是，无线电波的辐射范围被限制在1厘米以内！尽管家里的有线电视还有信号，但是手机、汽车和飞机上的收音机以及空中交通管制雷达，都将无法继续工作！为了将这些骇人结论得到的过程写得清清楚楚，作者可是用了具有相当难度的高等数学和物理学知识，写了满满好几页呢！

但这些也不是我们这本书中要讨论的内容。本书要讨论的话题更接近于典型的“真实生活”，需要的物理学知识包括阿基米德定律、欧姆定律、牛顿运动定律、能量和动量守恒定律等最基本的定律，再加上怎样计算大量物质集合的质量中心，怎样确定中空和实心球体及圆柱体等简单几何体的转动惯量。（用到这些概念时，我会再详加解释。）本书用到的数学工具有代数、三角学、向量，有时也会用一些大学一年级难度的微积分。换句话说，我希望你了解，我们所用的知识是那些聪明的高中生在上大学之前就掌握的知识。偶尔，我会提及一些难度稍高于大学一年级水平的数学知识（可能达到大学二年级的难度），在这时，我会讲解得更仔细。因而，通过这本书，你不仅能学到物理学知识，还可能学到一些新的数学知识。

说到这儿，我想起了“物理学上的茱莉亚·切尔德（Julia Child）和瑞秋·雷（Rachael Ray）定义”（茱莉亚和瑞秋是美国著名的美食节目主持人）。这源于我读到过的一则故事。故事是说一个老师无意间听到一位高中学生和同伴的对话：“首先，来一点代数运算，再加上大量几何构图；接着，再进行一些代数运算，以及三角学或者大学数学才会学到的数学处理；然后，加上许多你已经忘掉的化学知识，甚至是生物学知识……最后，把这一切混在一起，就是物理学。”⑥嗯，按照爱因斯坦的格言，我会在本书中将讨论过程尽可能地简化，但也不会过于简单。正如泽曼斯基教授哀叹的那样，太过简单就会出错。

一些读者读到这里可能会心存疑窦：怎样才能用非常基础的知识解释有趣而复杂的物理学问题呢？我来讲个故事，这个故事可能有点出人意料，但也许可以消除你的顾虑。

研发原子弹是“二战”中最机密的科学工作，如果有人公开谈论原子弹相关问题，就会给自己招来大麻烦。⑦到底有多严重？我们来看看一篇科幻小说于 1944 年初面世后带来的影响。⑧令人惊叹的是，这篇小说极其准确地将原子弹描述为铀弹，即一种使用 U-235 的装置，可由中子引爆。这让华盛顿负责曼哈顿计划（美国有意将原子弹计划冠以不相称的名字）的安全部门高官大惊失色！原子弹研发工作泄密造成的威胁足以让 FBI（美国联邦查局）和美国军方的反谍报人员登上杂志头条。[9]

“二战”结束后，关于原子弹的管制稍稍松了些，但仍有很多内容“禁止交谈”。1945 年 8 月，美国在日本投下两枚原子弹后，随即披露了普林斯顿大学物理系主任亨利·德沃尔夫·史密斯（Henry DeWolf Smyth，1898—1986）撰写的有着冗长名字的报告，这篇报告题为《对于美国政府出于军事目的使用原子能的方法的总体解释，1940—1945》（*A General Account of Methods of Using Atomic Energy for Military Purposes under the Auspices of the United States Government,*1940—1945），有一本书的厚度。曼哈顿计划的负责人莱斯利·格罗夫斯（Leslie Groves）将军授意史密斯编写了这份报告（声称是为了公众的知情权），但这份报告可没有把关于原子弹的所有信息都说出来。事实上，格罗夫斯将军在为这份报告撰写的序言中，严厉警告读者不要寻求该报告之外的任何与原子弹有关的信息，否则有可能被视作间谍而遭到逮捕！

出于安全原因，洛斯阿拉莫斯实验室将世界第一颗原子弹命名为“小玩意”（gadget）。很明显，史密斯的报告并没有提及这种所谓“铀燃料快速中子链式反应核裂变炸弹”临界质量的算法，即一枚可自行引爆的原子弹所需的 U-235 的最小质量是如何得来的。临界质量对作为武器的原子弹而言至关重要。如果质量过大，飞机都无法装载，那么制造这种“小玩意”就毫无意义。史密斯的报告提到原子弹的临界质量可能在 1 ~ 100 千克之间，但隐瞒了真实而确切的数字。

“二战”期间，曾获 1932 年诺贝尔物理学奖的德国顶尖理论物理学家维尔纳·海森堡（Werner Heisenberg，1901—1976）错误计算了 U-235 的临界质量。他认为原子弹会非常重，质量达到数吨。事实证明，这一错误是致命的。即使原子弹的研究比美国早了 3 年多，德国也没能成功建起一个核反应堆，更别说制造原子弹了。“二战”结束后，海森堡声称自己出于人道主义原则，反对制造这种毁灭性武器，因而故意“犯错”，这才成功阻挠了德国的原子弹计划。不过，人们认为，海森堡可能从没弄明白原子弹实际上是如何工作的。大部分科学史学者也认为，海森堡的说法并不真实。他之所以这样说，一则力图撇清与纳粹发动的战争之间的关系，再则为自己在物理学中所犯的错误寻找借口。[10]

时间到了 1947 年，《美国物理学杂志》上的一条注释表明：只要用简单的物理论证和高中数学知识，就能计算出原子弹的临界质量，答案是“约重 2.5 *kg*”！[11]

该注释的作者是一位中国理论物理学家，名叫卢鹤绂（1914—1997），当时在国立浙江大学任教。他不受格罗夫斯将军的威胁，仅用已知的物理学定律和数学知识就计算出了原子弹的临界质量。[12] 他从来没有从参与曼哈顿计划的人那里获得过任何“内部消息”。

临界质量的实际数值受许多因素的影响，包括裂变材料中 U-235 的纯度、裂变材料的结构密度和几何形状以及四周有无中子反射层结构等。当然，卢鹤绂得出的数值比海森堡的准确得多。

我们在本书中要做的，就是类似卢鹤绂的工作，不过没有那么戏剧性。英国数学家 G.H. 哈代（G. H. Hardy）说：“只了解一点物理学知识，在日常生活中毫无价值。”那么在本书中，我会力证，哈代的说法是错误的。[13]

现在，在这篇引子的最后，我来举四个例子，让大家快速领略一下我们将要探讨的问题的难度。

例 1：空心圆柱体与实心圆柱体哪个滚得更快?

如图 1 所示，假设我们有两个由相同材料制成的半径和质量都相同的圆柱体，放在两个坡度相同的斜面顶端。两个圆柱体中的一个是空心的 (a)，另一个则是实心的 (b)。实心圆柱体的长度小于空心圆柱体，因而能满足上述要求。现在，如果我们在同一时间放开两个圆柱体，在重力的作用下，它们将各自沿着斜面朝下滚动。那么，哪个圆柱体会先到达斜面的底部呢？不

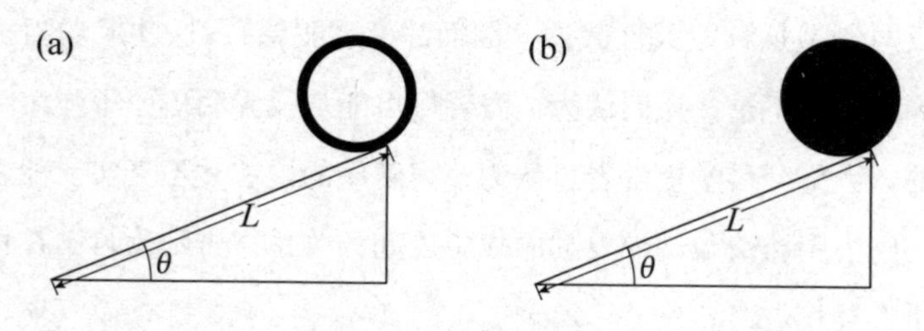

图 1 比赛开始时两个圆柱体的位置

要计算，试试用你的直觉判断。

在本书“水的能量”一章中，我会讲到解决这一问题可以用到的物理学知识。我们会分析并解决这个问题，到时你可以验证一下自己的直觉是否正确。书中的分析不仅会告诉你哪个圆柱体先到达斜面底部，还会告诉你它领先了另一个圆柱体多少时间。

例 2：两根直杆做的烟囱将以何种方式倒下？

如图 2 所示，假设我们有根烟囱，是由两根坚硬的直杆构成的，这两根杆的长度均为 L。它们通过铰链在点 b 相连，下面的那根杆与地面上的点 a 相连。

在点 b 和点 c 处有两个相同的质点 m，与 m 相比两根杆的质量可以忽略

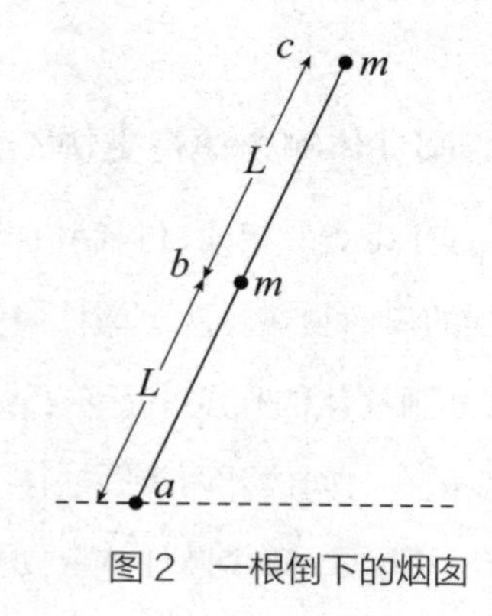

图 2 一根倒下的烟囱

不计（假设杆是没有质量的）。一开始，烟囱如图 2 所示那样摆放，不与地面垂直，略有倾斜，然后烟囱以该结构下落。那么，当烟囱下落时，两根杆会继续像原来一样相连呢，还是会呈现出如图 3 所示的两种弯曲方式的一种？或者说，如果出现弯曲，弯曲状况如图 3 中的 (a) 还是 (b)？你的直觉判断是什么？该问题是关于细长的烟囱将如何倒下的一个简单模型（想想你在电视新闻上看到的用烈性炸药拆除老房子的画面）。我们在学习第一个例子时会同时分析并解答这个问题。

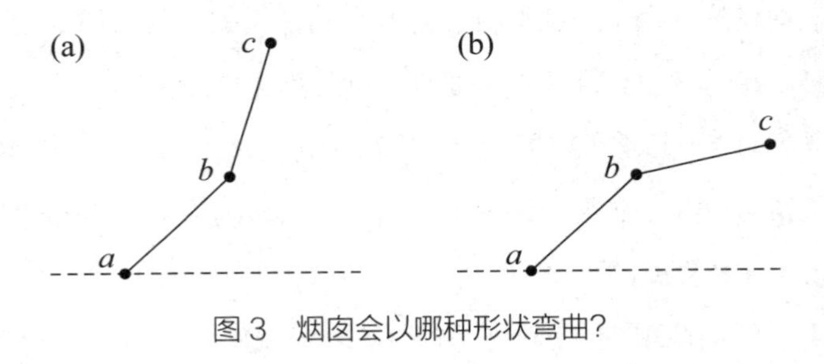

图 3　烟囱会以哪种形状弯曲？

例 3：高山雪橇运动的最优路线

如图 4 所示，有两个雪橇运动员 A 和 B，准备在两条没有摩擦力的（不同的）路上进行比赛。A、B 两人的初始速度均为 v_0，A 的路线一直保持水平，B 的路线则和过山车一样弯弯曲曲，但在任何一点的高度都不会超过 A 采用的路线。谁会赢得这场比赛？（在第 1 章末尾你会看到答案。）

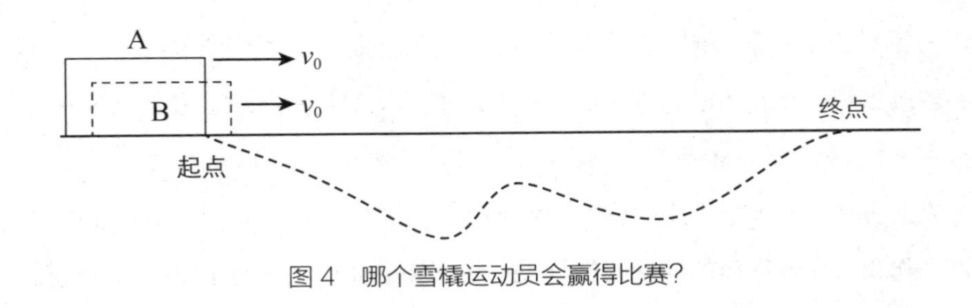

图 4　哪个雪橇运动员会赢得比赛？

例 4：司机在坡道上的行驶是否超速？

一辆汽车在坡度为 8%，即水平距离每增加 100 英尺（1 英尺约等于 0.3 米），垂直方向上升 8 英尺的上坡道路上行驶。突然，司机发现有行人在前面的人行横道上行走，于是猛踩刹车，车轮抱死，汽车向前滑行了 106 英尺后停止。经过调查，该路段限速 25 英里（1 英里约等于 1.6 公里）每小时。那么，司机是在超速驾驶吗？如果汽车是在坡度为 8% 的下坡路上行驶，答案又是什么呢？（如果这次事故导致行人受伤，这些问题的答案可能直接影响法律的裁决。答案请见第 4 章。）

好了，通过这些例子，我们可以打开自然世界的大门，你也会了解本书到底是如何选择题材的。日常生活充满了妙趣横生的物理学知识，哪怕是比这本书厚得多的书（起重机才能抬起）也只能涉及一小部分。所以坦率地说，接下来要谈到的内容，在很大程度上，是我个人认为有趣的事和“日常物理学”两者之间某种程度的平衡。

本书不可能面面俱到，因此，有些物理学话题可能并没有被囊括其中，比如多普勒效应和变质量系统等。毕竟，本书可不是大部头的物理学典籍，而只是一本关于“简单物理学”的普及读物而已。我不讲多普勒效应，只是受本书篇幅的限制。我也没有谈及变质量系统，比如火箭因气体排放而质量减少，雨滴下落时穿过薄雾而使质量增加，如此之类质量改变的情形。因为，这些问题包含的“简单物理学”比本书中我想要提及的实际上复杂得多。不过，本书中也出现了类似内容，比如在大型圆环状轨道中，使用上升的真空管道作为快速传输系统。在此情形下，我使用的高等数学知识可能有一定难度，不过，我还是决定将其涵盖在内，因为它的确太有意思了！

不讨论变质量系统确实令我遗憾，因为我还打算在那个章节讲述一个有趣的故事呢，现在不妨先讲了吧。这个故事是关于英国物理学家詹姆斯·克拉克·麦克斯韦（James Clerk Maxwell，1831—1879）的。1878 年 2 月 15 日，麦克斯韦在剑桥大学卡文迪许实验室给他的一位朋友写了封信，他在其中写道（作为对朋友提出的问题的回复）：“我不知道如何将运动定律应用到变质量物体上，因为相关实验和在负质量物体上的实验一样，还从来没有做过。应当将所有这类问题贴上‘剑桥，变质量’的标签，然后送到美国（U.S.）。”

如果你知道麦克斯韦闻名于世的原因不只是因为他创建了辉煌的电磁理论，还因为他具有敏锐的幽默感，那么，你就能领会他说的这段表面上稀奇古怪、实际上风趣幽默的话的含义了。这段话的真实意思是，有关变质量物体的问题应当被贴上“剑桥，变质量”的标签，扔到一边去，千万别送给“我们”（us）。

好了，讲完了这个我非常想讲的故事，让我们彻底把变质量问题扔到九霄云外吧。

写作本书的一个主要目的我在上面已经提到过，即反驳一个普遍持有但完全错误的观点：数学就是一堆定理、证明，以及无聊透顶的乘法运算（这是我无意中听到的极其错误的断言）。这种观点还认为，数学领域很难产生新的知识，只不过一直在同义反复而已。例如，如果经过艰难而漫长的分析后，所有方程式都简化成了 1=1，这当然没错，可是这既不新颖也没有意思。阅读这本书时你会发现，这本书的每一章节涉及的问题各不相同，绝对不会同义反复。[14]

第 1 章是特意用来让你快速检验自己是否具备阅读本书所需的数学知识的（这一章当然也需要一些物理学知识），你可以先试着读读这一部分。我还可以提供一个快速的检验方法，要不要试试看？

假设在高中运动会上，你看到一辆汽车的车尾贴着这样的纸，你能迅速看懂吗？

我们是第 $\frac{1}{2}\lg 100$ 名

如果你笑了，那么你就可以放心地开始阅读这本书，领略书中所述的物理之美了。[15]

注释

① 马克·泽曼斯基（1900—1981）是美国纽约城市大学的物理学教授。泽曼斯基教授是初版《大学物理学》（*University Physics*）的合著者，该书于1949年首次出版，取得了难以置信的成功，现行版本为第13版。自20世纪50年代以来，无数大学新生都对其喜爱有加（或者，在某些情况下，心怀怯意）。

② 数学物理学家乔治·达尔文爵士（1845—1912）是进化论奠基人查尔斯·达尔文（Charles Darwin）之子，剑桥大学天文学教授。

③ 有些颇有教育性的书籍揭示了好莱坞对伪科学令人扼腕的痴迷。比如汤姆·罗杰斯（Tom Rogers）的《愚蠢之极的电影物理学：好莱坞的最糟错误、低级漏洞以及对宇宙基本定律赤裸裸的颠覆》（*Insultingly Stupid Movie Physics: Hollywood's Best Mistakes*，*Goofs*，*and Flat-Out Destructions of the Basic Laws of the Universe*，*Sourcebooks Hysteria* 出版社，2007年）。不过，下面我要谈的这个例子不在罗杰斯的书里。

电影《星球大战》（*Star Wars*）中有个情节，达斯·维德（Darth Vader）的邪恶仆从从死星发射的射线威力惊人，瞬间将奥德朗星球彻底毁灭。我们假设奥德朗星球是地球的孪生兄弟（具有相同的半径和质量），那么摧毁该星球所需的能量相当于51 022吨TNT爆炸所释放的能量——这得多少TNT啊！事情还不止如此。这个射线武器竟然是由1号电池供电的——好吧，还能比这更糟吗？（希望这不会打击到一些年轻读者未来想要成为电影制片人的梦想）。那么，怎样才能计算出摧毁一个星球所需的能量呢？请参考我的书《帕金斯夫人的电热毯》（*Mrs. Perkins's Electric Quilt*，普林斯顿大学出版社，2009年，第150—152页）。

④ 参考I. 伯纳德·科恩（I. Bernard Cohen）的《开国元勋与科学：科学影响杰斐逊、富兰克林、亚当斯和麦迪逊的政治思想》（*Science and the Founding Fathers:Science in the Political Thought of Jefferson, Franklin, Adams, and Madison*，W.W. 诺顿出版社，1996年）。快捷阅读可参考A.B. 阿伦斯的论文《牛顿和美国的政治传统》（*Newton and the American Political Tradition*，《美国物理学杂志》1975年3月，第209—213页）。

⑤ 请见玛丽·M. 克龙（Mary M. Crone）和马克·舍尔（Marc Sher）合著的《真空衰变的环境影响》(*The Environmental Impact of Vacuum Decay*),《美国物理学杂志》1991 年 1 月，第 25—32 页。

⑥ 物理学和生物学确实有交叉的地方，经典案例是新陈代谢和体型的关系。假设每一种生物的长度都可“测量”，我们将其用 L 表示，那么，该生物体的表面积会以 L^2 变化，而其体积则会以 L^3 变化。因而，该生物产生的内部代谢热量随着体积（L^3）变化，而散热的能力则随着表面积（L^2）变化。由于 $\lim_{L\to\infty}\frac{L^3}{L^2}=\infty$ 以及 $\lim_{L\to 0}\frac{L^3}{L^2}=0$，这意味着体积“过于庞大”的生物会出现过热的情况（当你看到一匹重达 1 000 磅的马在 30°F 的牧场上时，它可能一点都不舒服），而体积“过小”的生物可能会自行冻结。后一个观点是 1957 年的电影《不可思议的收缩人》(*The Incredible Shrinking Man*）中的基本错误，汤姆·罗杰斯（见注释③）那本卓越的书没提到这部电影。

⑦ 当然，战争年代有很多绝密项目，包括诺顿轰炸机瞄准器（据说能“从 20 000 英尺高空把炸弹准确投放在一个泡菜坛里”）、雷达及雷达干扰技术、炮弹近炸引信，以及德国的恩尼格码密码的破译。但是，我认为，原子弹毫无疑问居于首位。

⑧ 一篇名为《最后期限》(*Deadline*）的小说，作者为克利夫·卡特米尔（Cleve Cartmill，1908—1964），选自《惊险科幻小说》(*Astounding Science Fiction*）1944 年 3 月期。

⑨ 你可以在《让我们称其为爱好》(*Let's Call It a Hobby*）一文中读到接下来的故事，该文的作者是默里·莱因斯特，真名为威廉·F. 詹金斯（1896—1975）。该文收录在莱茵斯特主编的科幻小说集《优秀科幻小说》(*Great Stories of Science Fiction*，兰登书屋，1951 年出版）中。

⑩ 请参考菲利普·鲍尔（Philip Ball）《服务于帝国：希特勒统治下挣扎的物理学灵魂》(*Serving the Reich: The Struggle for the Soul of Physics under Hitler*，芝加哥大学出版社，2014 年）；杰里米·伯恩斯坦（Jeremy Bernstein）《希特勒的铀俱乐部：农业厅的机密记录》(*Hitler's Uranium Club: The Secret Recordings at Farm Hall*，美国物理研究所出版社，1996 年）;《操作：农业厅抄本》(*Operation Epsilon: The Farm Hall Transcripts*，加州大学出版社，1993 年）。

⑪ 1 千克（2.2 磅）U-235 完全裂变所释放的能量相当于 20 000 吨 TNT 爆炸所产生的能量。（你可以参考本书后记中的最后一个例子，获知有关原子弹的更多信息。）

⑫ 可参见《原子弹物理学》(*On the Physics of the Atomic Bomb*)一文，详见《美国物理学杂志》1947 年 11—12 月，第 513 页。卢鹤绂的计算结果与美国原子弹制造者在他之前几年计算出的数据十分接近，请参考罗伯特·塞伯尔(Robert Serber)《洛斯阿拉莫斯初级读本：制造原子弹的第一堂课》(*The Los Alamos Primer: The First Lectures on How to Build an Atomic Bomb*，加利福尼亚大学出版社，1992 年，第 25—28 页)。洛斯阿拉莫斯实验室的工作人员是这样调侃自己的工作的：如果设计的炸弹足够大，那么一旦引爆，地球上的所有人都会丧生，所以，炸弹根本不必“便于移动”。炸弹在哪里爆炸根本无关紧要，因为所有地方都一样，重要的是在哪个位置可以引爆这枚炸弹。

⑬ 请参阅 1940 年出版的《一个数学家的歉意》(*A Mathematician's Apology*)。哈代(1877—1947)是 20 世纪上半叶最伟大的数学家之一，他的论断说明，即使非常聪明的人，也会说一些他们后来希望自己没说过的话。

⑭“同义反复”的情形不仅出现在数学中，我最喜欢的一个关于“同义反复”的例子是某个物理学博士生(在博士论文答辩时突然陷入迷茫)在终于完成了答辩后脱口而出的话：“历史上从未有此刻更像眼下。”

⑮ 你也可以思考一下这个更实用的数学及物理学问题：假设你搭乘往返航班从 A 地飞到 B 地然后再飞回 A 地，与无风时相比，若有稳定速度的风从 A 地吹向 B 地，那么总的飞行时间会增加、减少还是保持不变？可别只是猜测，试着做一个数学分析(只需用到高中代数知识)。你可以在第 1 章末尾找到答案。

第1章

你的数学怎么样?

如果没有数学，生活会变成什么样？会变成一幕恐怖剧吧？

——西德尼·史密斯[①]（Sydney Smith）

这是开篇的第1章，我想先举几个例子。这些例子蕴含着某种数学知识，在解决“日常生活”中存在的（或可能发生的）“简单物理学”问题时，我们会用到这些知识。而这些问题，我想，任何人都能弄懂，只要具备一定的分析性思维。这些例子各不相同，唯一的“共通”（如果能用这个词的话）之处是问题的复杂性在递增。你在阅读每个例子时，可以先问自己一个问题：我是否理解了书中所述的解题思路？如果你的回答是肯定的，那么即使你一开始无法独自做出详尽的分析，但凭你的理解力，读懂这本书也是毫无问题的。

例1：地下室里的哪个开关控制着阁楼上的灯泡?

下面是有关分析性思维的第一个例子。这个例子不需要任何数学知识，只要有一些逻辑思维能力和一点点生活常识（比如亮着的灯泡会发热）就可以了。在阅读其他例子时，你可以继续思考这个问题。我会在这一章的章末给出答案，也会给出引子注释⑮中提到的风阻和飞机飞行问题的答案。

假设你置身于一栋多层建筑物内，地下室里有3个开关，阁楼上有一个

100瓦的灯泡。3个开关均有两个状态，即“开”和“关”，但只有一个开关控制阁楼上的灯泡，而你不知道是哪一个。3个开关的初始状态均为“关”。以下是一种常见的操作方法，可以成功地判断出哪个是灯泡的控制开关，尽管有些烦琐：打开其中一个，上楼检查灯泡是否变亮。如果灯泡变亮，则测试结束；如果灯泡不亮，则回到地下室，打开另一个开关。然后，再次上楼检查灯泡是否变亮。如果灯泡变亮，则刚才那个开关即控制灯泡的开关；如果灯泡不亮，则剩下的那个开关是控制灯泡的开关。因此，你需要往阁楼跑两趟，才可以弄清楚控制灯泡的开关是哪一个。

然而，还有另一种方法，使你只需要跑一次阁楼！这种方法是怎样的呢？

例2：子弹上升和下落的时间哪个更长？

这个问题需要一点点逻辑推理能力（也需要对动能和势能有基本的了解）。假设你向天空开了一枪，子弹笔直升空。考虑到空气阻力，子弹上升到顶的时间与下落到起点的时间相比，哪个更长一些？

也许你认为，不知道空气的阻力没法算出回答，但其实未必，你只需要知道空气有阻力就可以了。[②]你可以假设，在子弹上升和下降的整个过程中，地球的引力场恒定不变（无论子弹位于哪个高度，都保持不变）。如我在例1中讲过的，在你阅读其他例子时，可以继续思考例2的问题，我会在本章末尾给出答案。

提示：势能是和位置有关的能量（把地球表面当作零势能参照面，质量为m的物体在h高度的势能为mgh，其中g是重力加速度，约为$9.8m/s^2$）。动能是和运动有关的能量（质量为m的物体以速度v运动，其动能为$\frac{1}{2}mv^2$）。

例3：特定人物被选中搭乘飞船的概率

例3的问题确实需要一些数学知识，但真正需要的只是算术能力，因为解题过程涉及较大数字的乘除。在弗雷德里克·布朗（Fredric Brown，1906—1972）1956年出版的科幻小说《远征》（*Expedition*）中，有这样的情节：第一艘飞往火星进行殖民活动的飞船上有 30 个座位，要从 500 名男性和 100 名女性中随机选出 30 名搭乘该飞船，小说最后选出了 1 名男性和 29 名女性搭乘飞船。那么，这一特定结果出现的可能性或者说概率，有多大？

首先，假设 30 个座位排成一排，左右相邻。在不考虑这 600 人性别的前提下，计算出不同入座方式的总数（假设每个人都是独一无二的）。设该总数为 N_1，那么

$$N_1=(600)(599)(598)\ldots(571)=\frac{600!}{570!}$$ [③]

接下来，设 N_2 为 1 名男性和 29 名女性入座这 30 个座位的方法总数，则以此男女比例入座的概率为 $P=\frac{N_2}{N_1}$。N_2 是这样计算得来的：

1 名男性可以从 30 个座位里选择 1 个座位，且该名男性可从 500 名候选人中选出，因此

$$N_2=(30)(500)(100)(99)(98)\ldots(72)=15\,000\frac{100!}{71!}$$

因此，该问题的形式答案为

$$P=\frac{15\,000\frac{100!}{71!}}{\frac{600!}{570!}}=15\,000\frac{(100!)(570!)}{(71!)(600!)}$$

我之所以使用形式这个说法，是因为 P 还不是一个一目了然的简单的数值。

这个表达式中，每个阶乘因子的数值都非常庞大，手持计算器根本无法直接计算（我的计算器在计算 70! 时就已崩溃了）。因此，为了便于计算，使用斯特林公式近似估算 $n!$ 的值：$n!\sim\sqrt{2\pi n}\mathrm{e}^{-n}n^{n}$。[④]

那么

$$\begin{aligned}
P &= 15\,000\frac{\left(\sqrt{2\pi}\sqrt{100}\mathrm{e}^{-100}100^{100}\right)\left(\sqrt{2\pi}\sqrt{570}\mathrm{e}^{-570}570^{570}\right)}{\left(\sqrt{2\pi}\sqrt{71}\mathrm{e}^{-71}71^{71}\right)\left(\sqrt{2\pi}\sqrt{600}\mathrm{e}^{-600}600^{600}\right)} \\
&= \left\{15\,000\mathrm{e}\sqrt{\frac{(100)(570)}{(71)(600)}}\right\}\left\{\frac{(100^{100})(570^{570})}{(71^{71})(600^{600})}\right\} \\
&= \left\{15\,000\mathrm{e}\sqrt{\frac{(100)(570)}{(71)(600)}}\right\}\left(\frac{100}{71}\right)^{71}100^{29}\left(\frac{570}{600}\right)^{570}\frac{1}{600^{30}} \\
&= \left\{15\,000\mathrm{e}\sqrt{\frac{(100)(570)}{(71)(600)}}\right\}\left\{\left(\frac{100}{71}\right)^{71}\right\}\times \\
&\quad \left\{\left(\frac{570}{600}\right)^{570}\right\}\left\{\left(\frac{100}{600}\right)^{29}\right\}\left\{\frac{1}{600}\right\}
\end{aligned}$$

这样一来，最后一行的每个花括号中的因子都可以很容易地通过手持计算器算出，其结果为

$$P = 1.55\times 10^{-23}$$

因此，布朗小说中的特定人物被选中的概率极低。但是，尽管这种情况很难发生，且近乎于“不可能发生”，但不是说一点可能也没有。顺便说一句，这是一本非常有趣的小说，值得暂停怀疑，尝试一读。⑤

例 4：布拉德和安吉丽娜的工作效率

数学物理学中经常会遇到二次方程式（参考第 9 章的例子），本例中的二次方程式以问题的形式出现，许多读者在高中代数课上都曾遇到过。玛丽莲・沃斯・莎凡特（Marilyn vos Savant）在 2014 年 6 月 22 日的《大观杂志》（*Parade Magazine*）专栏上解析二次方程式时出错了，读者可能会因此而得到些许安慰（但值得赞许的是，在一些细心的读者指出错误之后，莎凡立即在 7 月 13 日的专栏中承认了错误）。

假设布拉德和安吉丽娜一起工作 6 个小时可以完成一个项目，布拉德单

独工作完成该项目所需的时间比安吉丽娜多4小时，那么两人单独完成项目所需的时间分别是多少？

设安吉丽娜单独完成该项目所需的时间为x，那么布拉德单独完成该项目所需的时间为$x+4$。因此，安吉丽娜完成该项目的速率为每小时$\frac{1}{x}$，布拉德的速率为每小时$\frac{1}{x+4}$。因此，安吉丽娜6小时内完成该项目的$\frac{6}{x}$，布拉德6小时内完成该项目的$\frac{6}{x+4}$。这两部分合起来刚好是一整个项目（即相加后为1），因此$\frac{6}{x}+\frac{6}{x+4}=1$。交叉相乘得$6(x+4)+6x=x(x+4)=x^2+4x$，简化得$12x+24=x^2+4x$，即

$$x^2-8x-24=0$$

众所周知，上面这个二次方程的根的算法为

$$x=\frac{8\pm\sqrt{64+96}}{2}=\frac{8\pm\sqrt{160}}{2}=\frac{8\pm4\sqrt{10}}{2}=4\pm2\sqrt{10}$$

x必定是正数，所以我们选用+号（−号会使$x<0$），因此$x=4+2\sqrt{10}=10.32$。

即安吉丽娜用10.32小时就可以独自完成该项目，布拉德得用14.32小时才能独自完成该项目。

该分析中存在一项基本假设，即当布拉德和安吉丽娜一起工作时，可以相互独立、互不干扰。根据项目的性质，情况并非都是这样。例如，假设“项目”是用卡车送货。如果布拉德独自驾驶卡车从A地行驶至B地所需时间为1小时，而安吉丽娜独自驾驶同一辆卡车从A地行驶至B地所需时间也是1小时，那么两人驾驶同一辆卡车从A行驶至B所需的总时间是多少？绝对不是2小时，仍然是1小时！

下面是一个更为离谱的逻辑滥用：如果一个士兵用30分钟挖一个掩体，那么1 800个士兵用1秒钟就可以挖一个掩体——这样的例子竟然也会有人相信！

例 5：电阻的阻值多大时其功率最大？

如图 1-1 所示，有一个真正的电池（内阻 $r > 0$ 欧姆），其两端的电位差为 V 伏（没有电流流过电池时），被连接上一个阻值为 R 欧姆的电阻器。要使 R 的功率最大，R 的阻值应为多少欧姆？

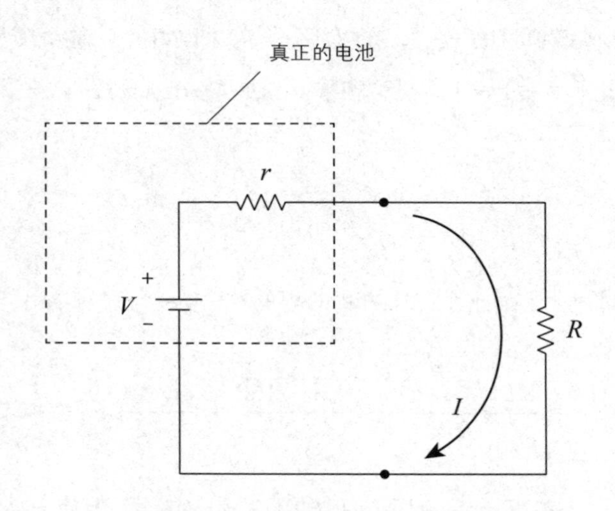

图 1-1 电阻 R 的功率最大时，R 的阻值是多少？

课本中常用微分计算来解决这个问题，但这是对数学工具的严重滥用，因为事实上，只需要简单的代数运算就能解决这个问题。

电流 I 的表达式为（根据欧姆定律可得。如不清楚欧姆定律，请参考第 8 章注释②）

$$I = \frac{V}{r + R}$$

R 上（作为热能）消耗的功率 P 为（E 是 R 上的电压）

$$P = EI = (IR)I = I^2R$$

所以

$$P = V^2 \frac{R}{(r+R)^2}$$

显然，当 $R=0$ 时，$P=0$；当 $R=\infty$ 时，$P=0$。所以，在零与无穷大之间，一定存在某一 R 值，使 P 够达到最大值。通过微积分运算很容易就能找到该值（求与 R 相关的 P 的微分，并令结果为零），但其实，不需要微积分，通过代数运算就可得到答案。

以下是运算方法：

$$\begin{aligned} P &= V^2 \frac{R}{r^2+2Rr+R^2} = V^2 \frac{R}{r^2-2Rr+R^2+4Rr} \\ &= V^2 \frac{R}{(r-R)^2+4Rr} = V^2 \frac{1}{\frac{(r-R)^2}{R}+4r} \end{aligned}$$

显然，当等式最右边的分母最小，即 $R=r$ 时，P 的值最大（因为分母中的第一项 $\frac{(r-R)^2}{R}$ 不会是负数，要使其最小，只能为零）。因此，

$R=r$ 时，R 的最大功率为 $\frac{V^2}{4R}$。

例 6：一种测量月球与地球的距离的酷炫方法

地球到月球有多远？如果你能利用简单的几何学和物理学知识精准地测量出这个数值，是不是很酷？在这个例子中，我会告诉你这个技巧。

首先，我们来了解一些浅显的知识。如图 1-2 所示，光线射到镜子上，入射角等于反射角。公元前 3 世纪，古希腊数学家欧几里得（Euclid）发现了这一现象，然而，这个现象一直没有得到相应的解释。直到几百年之后的公元 1 世纪，亚历山大城的希伦（Heron）在其关于镜子的著作《反射光学》（*Catoptrica*）中解释了反射定律，并认为这个定律是建立在光线的反射路径总是沿着最小反射长度路径的基础上的。也就是说，如果镜面上的 R 点是光线的反射点，而光线反射后的路径使 $\theta_i \neq \theta_r$，即反射角不等于入射角，那么会导致光线走过的总路径的长度增加。希伦的结论是数学物理学史上的第一个最小值原理，而最小值原理在现代理论物理学中有着非常重要的作用。

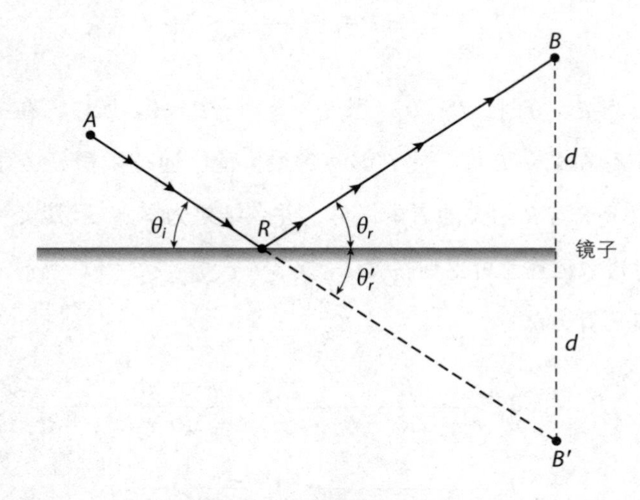

图 1-2 希伦反射定律的几何示意图

我们来简单地证明一下希伦的镜面反射定律，看看为什么只有反射角等于入射角时，光线走过的路径才最短。如果光线反射后的目的点为点 B，点 B 高于镜面的距离为 d，那么点 B 的反射点 (B') 在“镜面下”，距离镜面的距离也是 d。那么，RB 和 RB' 分别与镜面构成的两个全等直角三角形（共用镜面，距镜面的距离相等，直角）。因此，RB 和 RB' 长度相等（请再次参考图 1-2）。那么，光线通过的总路径为 $AR+RB = AR+RB'$，即 A 到 B' 的路径长度。A 到 B' 的直线，也即最短的反射路径，因为 $\theta'_r = \theta_i$，所以可以得出 $\theta_i = \theta_r$。就是这么简单！

反射定律可以应用于角反射器这种光学装置。这个小装置可以让阿波罗 11 号上的宇航员参与到 1969 年月球距地球的距离的测量任务中来，这在 2.5 米的范围内就能做到！在如图 1-3 所示的角反射器中，镜 1 中入射光线路径的方向向量描述为 (r_x, r_y)，反射光线路径的方向向量描述为 $(r_x, -r_y)$。[6] 即路径方向向量坐标中的一个数值相反，另一个保持原样；在镜 1 中，沿 x 轴，转变 y 的值。反射光射到镜 2 上时，沿 y 轴，转变路径方向向量中 x 的值，经镜 2 反射的反射光线的路径方向向量描述为 $(-r_x, -r_y) = -(r_x, r_y)$，这是对

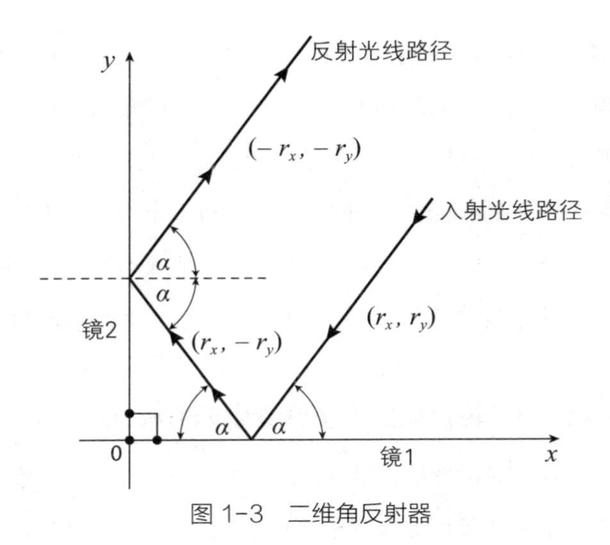

图 1-3　二维角反射器

最初的入射光线的路径方向向量的全部转变而得到的。注意，这意味着经镜2反射的反射光平行于射向镜1的入射光，只是横向偏移且转变了方向，这种情况与入射角 α 的值无关。

在三维空间中会发生相同的事吗？答案是肯定的。只要我们给出解释，阐明反射镜面是如何作用于光线的，那一切就显而易见了：镜面使入射光线路径的方向向量的一个值变得相反并使其他值保持不变。（回顾一下二维平面中的讨论，你就能明白三维空间是怎么回事了。）所以，在三维空间中的角反射器这个例子中（设想一下由三个互相垂直的镜面组成的立方体的内角，把立方体的某个顶点作为 O-xyz 坐标系的原点 O），设想镜面1、2、3分别沿着 xOy、xOz 和 yOz 平面放置。那么，经过镜面1反射的光线，其坐标中的 z 值与原值相反；经过镜面2反射的光线，其坐标中的 y 值与原值相反；经过镜面3反射的光线，其坐标中的 x 值与原值相反。

在入射光线完成三次反射之后，光线从三维角反射器中以准确的改变方向反射出来。入射光线仅经过1个（或2个）镜子就相当于三维情形的简单特例，光线的路径方向向量中的1个（或2个）分量正好是0（当然0的相反数就是0）。

因此，阿波罗 11 号上的宇航员把多个角反射器放在月球表面，接受来自地球的极短（皮秒[7]）激光脉冲。通过精心安排的角反射器的反射，反射后的脉冲可以极其精准地几乎以原路径返回到地球上的发射点。那么，根据光线从地球到月球再返回地球所用的时间，就可以求出月球距地球的距离。

此外，这项测量还显示，月球正在非常缓慢地远离地球（1 年仅远离 1.5 英寸）。为什么呢？在第 10 章中，你会了解到月球远离地球的原因。

例 7：一张手绘图，轻松搞定原子弹专家的方程式

这是一个在有趣的物理学背景下，如何利用高中三角学知识的简单例子。在罗伯特·塞伯尔讲述美国原子弹的书中（见引子部分的注释⑫），提到了洛斯阿拉莫斯国家实验室的科学家研究的理论问题中的一个方程式：

$$x \cos(x) = (1 - a) \sin(x)$$

在该方程式中，a 是一个已知的常数。现在，不管 a 的值是多少，欲求 x 的正数解（对于炸弹设计师而言，$x \le 0$ 在物理上没有意义）。

解决这个问题的最直接的方式是对等式两边绘图，然后看看这两个图在哪里相交。图 1-4 是当 $a = \frac{1}{2}$ 时的情况。我们可以看到，第一个近似的正数解是 $x \approx 1.2$，接下去是 $x \approx 4.6$。

当然，在图 1-4 中，当 x 大于 6 时，有无数个这样的正数解。我借助计算机很容易就能生成这张数字图，但是，当你面对一套这样的手工绘制的图，而绘图者是一个只有高中学历的技术人员时，你一定会充满赞叹。手绘一张这样的图可能还挺有趣，但是当需要绘出许多不同 a 值时的图时，那就不是一件轻松的活儿了，也绝对不会太有趣。不过，洛斯阿拉莫斯国家实验室有很多人手可用，他们中的很多人整天做的就是这类事儿。

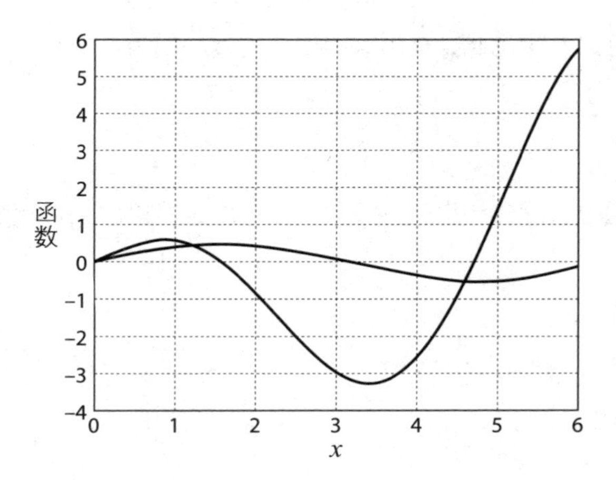

图 1-4　以绘图方式解 $x\cos(x)=\frac{1}{2}\sin(x)$

例 8：你能算到 π 值小数点后多少位？

如果 π 不是圆周率，那就没有圆形的馅饼了！

——作者在 10 岁时，第一次从“科学”中得到启示。

大家都“知道”圆周率 π 是一个比 3 大一点的数。正如阿基米德在两千多年前证明的那样，π 的值非常接近 $\frac{22}{7}$，更精确地说，是 3.14159265……但是，人们是怎样计算出 π 值的呢？嗯，π 是圆周和直径的比值，但是，人们又是怎样知道 π 的小数点后第几百万、甚至几万亿位的值的呢？[⑧] 如果是测量长度，我们绝不会测量得那么精确。那么，科学家究竟是如何精确地计算出 π 的值的呢？物理学家和其他学科的科学家、工程师们，在数不清的公式里都会用到 π，所以，这确实是一个非常重要的问题。

简单的答案是，通过无穷级数展开式，可以求得 π 的值。例如，我们知道（在上过大学一年级的微积分课后）

$$\int_0^1 \frac{\mathrm{d}x}{1+x^2}=\tan^{-1}(x)\big|_0^1=\tan^{-1}(1)-\tan^{-1}(0)=\frac{\pi}{4}$$

那么，可以慢慢由此计算出 π 的值。不过，因为

$$\frac{1}{1+x^2}=1-x^2+x^4-x^6+\cdots$$

你可以通过长除法导出这一等式，也可通过简单的交叉相乘来确认这个等式。那么

$$\frac{\pi}{4} = \int_0^1\left(1-x^2+x^4-x^6+\cdots\right)\mathrm{d}x = \left(x-\frac{1}{3}x^3+\frac{1}{5}x^5-\frac{1}{7}x^7+\cdots\right)\Big|_0^1$$

所以

$$\pi=4\left(1-\frac{1}{3}+\frac{1}{5}-\frac{1}{7}+\cdots\right)$$

这一著名的结果[9]在理论上是正确的，但是，在计算 π 值上也几乎是没有用的，因为它的收敛速度太慢。正如伟大的瑞士数学家莱昂哈德·欧拉（Leonhard Euler，1707—1783）指出的那样，用这种方法计算 π，仅计算到第 50 位，似乎就已需要“无穷无尽的劳动”了。为了让你更形象地了解劳动和结果之间的关系，请参阅表 1-1。我列出了参与计算的项数和得到的结果，你从中可以看到，我们要以 10! 来增加参与计算的项数，这样才能精确计算出 π 的下一个位数的值（省略号意味着从此处开始就无法得到正确的数值了）。显然，我们需要收敛速度快得多的方法（即用很少的项数就

表 1-1 计算 π, 很慢

需要的数项结果	结果
100	3.1···
1 000	3.14···
10 000	3.141···
100 000	3.1415···

可以得到给定位数上的 π 的正确数值）。

事实证明，这一点都不难。这是真的吗？只要对原来的式子稍作变化就可以了。写下来是

$$\int_0^{1/\sqrt{3}} \frac{\mathrm{d}x}{1+x^2} = \tan^{-1}(x)\Big|_0^{1/\sqrt{3}} = \tan^{-1}\left(\frac{1}{\sqrt{3}}\right) = \frac{\pi}{6}$$

可得到

$$\frac{\pi}{6} = \frac{1}{\sqrt{3}} - \frac{1}{3}\times\frac{1}{\sqrt{3}}\times\frac{1}{3} + \frac{1}{5}\times\frac{1}{\sqrt{3}}\times\frac{1}{3^2} - \frac{1}{7}\times\frac{1}{\sqrt{3}}\times\frac{1}{3^3} + \cdots$$

所以

$$\pi = 2\sqrt{3}\left(1 - \frac{1}{3\cdot 3} + \frac{1}{3^2\cdot 5} - \frac{1}{3^3\cdot 7} + \cdots\right)$$

你看，这一数列收敛得非常快，只需前 10 项的总和，就可正确计算出 π 的前 5 位数。1699 年，英国天文学家亚伯拉罕·夏普（Abraham Sharp, 1651—1699）通过该数列的前 150 项，算出了 π 的前 72 位数。对物理学家而言，这已经足够了！

例 9：地球上的石油储量能用多久？

一天，一只不懂数学的青蛙坐在一片大池塘的一朵小睡莲上。睡莲每晚都会变大一倍。这一天睡莲只覆盖了池塘的八分之一，青蛙仍然能看到大片它所深爱的池塘，因此无忧无虑。然而，三天之后，它发现池塘不见了，就在它睡梦中消失的。

——一则悲伤的警世寓言

我来讲一则微积分在世界中的实际应用，比较简单。假设我们的资源是

有限且不可再生的，这些资源被消耗的速率正在稳步增长，即资源被消耗的速率呈指数级增长。具体说来，如果今天资源的消耗速率为 r_0，且该速率以恒定比率 k 增长，那么我们有如下公式：

$$r(t) = r_0 e^{kt}, \quad t \geq 0$$

假设这种资源是石油。如果我们知道 r_0、k 和 V 值(所剩石油资源的数量)，那么我们就可以计算出石油资源耗尽所需的时间。在这个例子中，r_0 和 k 的值不难测量，但 V 值却很难确定。世界上还剩多少石油？ 10 个不同的“专家”会给出 10 个不同的答案。

我们假设目前石油的消耗速率为 $r_0 = 6 \times 10^7$ 立方米 / 天，且 k =7%/年，那么不管我们假定 V 值是多少，总会有人觉得我们过于保守。他们也许会说，还有许多“未被发现的石油储量”。那么，我们来选一个没人觉得被低估了的数值吧。假设整个地球全部都是石油——除了石油之外，再也没有别的东西了，这样总行了吧？因此，以地球半径值 6.37×10^6 米来计算，地球的体积为

$$V = \frac{4}{3}\pi\left(6.37 \times 10^6\right)^3 \text{立方米} = 1.083 \times 10^{21} \text{立方米}$$

这可是非常之多的石油了！但无论如何，它是一个有限的值，因此我们还是可以问：在多久之后，最后一滴石油会在人类最后一辆汽车的排气管中，随着一缕青烟彻底消耗殆尽？

利用微积分工具，我们知道，在微分时间 dt' 里消耗的微分石油量为 $r(t')\,dt'$。因此，从时间 $t' = 0$ 到 $t' = t$ 所消耗的石油量为

$$\int_0^t r(t')\,dt' = \int_0^t r_0 e^{kt'}\,dt' = r_0\left(\frac{e^{kt'}}{k}\right)\Big|_0^t = \frac{r_0}{k}(e^{kt} - 1)$$

根据定义，当 $t = T$ 时，石油的消耗量即为全部石油的总量 V。那么我

们从 $t=0$ 开始，于是

$$V=\frac{r_0}{k}\left(e^{kT}-1\right)$$

通过变换，我们可以很容易地得到 T 的表达式

$$T=\frac{1}{k}\ln\left(\frac{kV}{r_0}+1\right)$$

由于 $k=0.07/\text{年}=1.92\times10^{-4}/\text{天}$，因此，可以得到

$$\begin{aligned}T&=\frac{1}{1.92\times10^{-4}}\ln\left(\frac{1.92\times10^{-4}\times1.083\times10^{21}}{6\times10^{7}}+1\right)\text{天}\\&=(5\,208)\ln\left(0.3466\times10^{10}\right)\text{天}\\&=5\,208\times21.966\text{天}=114\ 399\text{天}=313.42\text{年}\end{aligned}$$

答案惊心触目：只要三个多世纪，整个地球的石油就会被消耗得一干二净！天啊，这真是太糟糕了！

但是等等！刚返回地球的宇航员报告说发现了更多的石油储备，就在月球上！月球上也全是石油！世界各地的汽车车主马上欢呼雀跃，他们本以为自己不得不学习骑自行车了！世界得救了！

真的吗？我们再来算算，假设整个月球也满满的都是石油，这样的储备量能够在多大程度上延长我们使用石油的时间？

以月球半径为 1.74×10^{6} 米计算，月球的体积为

$$\frac{4}{3}\pi\left(1.74\times10^{6}\right)^{3}\text{立方米}=0.022\times10^{21}\text{立方米}$$

那么，一整个地球的石油和一整个月球的石油加起来是

$$V=\left(1.083\times10^{21}+0.022\times10^{21}\right)\text{立方米}=1.105\times10^{21}\text{立方米}$$

可供人类消耗的天数是

$$
\begin{aligned}
T &= \frac{1}{1.92\times 10^{-4}}\ln\left(\frac{1.92\times 10^{-4}\times 1.105\times 10^{21}}{6\times 10^{7}}+1\right)\text{天} \\
&= (5\ 208)\ln\left(0.3536\times 10^{10}\right)\text{天} \\
&= 5\ 208\times 21.986\text{天} = 114\ 503\text{天}
\end{aligned}
$$

因此，除了地球上的石油，月球上的石油也仅可供我们消耗 104 天。在此之后，我们可就真的“没油（有）”啦！

这个故事关于汽油也关于数学，让我想起了托马斯·爱迪生（Thomas Edison），这位伟大的美国发明家也有一个关于数学的有趣故事。爱迪生几乎没受过什么正规教育，是一位实践派科学家。他知道教育的价值，但他也从未错失任何机会，向人们展示一个聪明人是怎样不囿于知识范畴，以简洁的方法巧妙地完成任务的。例如，爱迪生曾雇用了一位年轻的数学家，并给这位数学家一项任务，让他确定一款新的波浪形灯泡的体积。这位数学家小心翼翼地简化了灯泡的形状，得出了一个复杂的方程，然后花了好几个小时把这个方程整合在三维空间中，最终终于求得了灯泡的体积。最后，这位数学家自豪地把结果告诉了爱迪生。

爱迪生祝贺了这位小伙子，承认他的确是位优秀的数学家，因为他的计算结果与自己算出的数值相差无几。但是，二者唯一的不同是，爱迪生得到这个值只用了不到 30 秒的时间！这位年轻的数学家非常震惊，询问爱迪生是怎么做到的。爱迪生一句话也没说，只是在灯泡中注满水，然后把灯泡里的水倒进了有刻度的玻璃量杯里。

爱迪生说过这样的话：“数学很伟大，但只能将之当作工具，而不能过度依赖。”

对本章例 1 开关问题的精彩解析

打开任意一个开关，保持 1 分钟左右，然后关掉该开关。打开剩下两个开关中的一个，然后走到阁楼上去。如果灯泡是亮的，那么你刚刚打开的那个开关控制着灯泡；如果灯泡没亮，那就摸一下它。如果灯泡是热的，那么你第一次打开又关上的那个开关控制着灯泡；如果灯泡是冷的，那么第三个开关（你没动过的那个开关）控制着灯泡。

这个问题和爱迪生的灯泡趣事让我想起了一则数学家们津津乐道的“技术笑料”：换一个灯泡需要多少个数学家？答案是“1个”，因为这个数学家只要把问题交给一堆物理学家就好啦。不过，如果让物理学家（常会对数学家嗤之以鼻）回答这个问题，他们会揶揄地说，答案是“绝对不止1个”。这则笑料反映了数学家对物理学家的无礼诋毁，不过也说明，把一个未解决的问题简化成一个解决方法已知的问题，其间的技巧是强有力的。

对本章例2子弹问题的精彩解析

子弹向上飞行时动能转化为势能，同时由于空气阻力的影响，不可逆地损耗了一些能量。因此，当子弹到达最高点时，其所具有的势能小于最初向上飞行时所具有的动能。而在下落过程中的每一高度上，

子弹所具有的势能都等于上升过程中相同高度时的势能。因此，下落过程中不同高度时子弹所具有的动能都小于上升过程中相应高度的动能，即子弹下落过程中某一高度时的速率都小于上升过程时相应高度的速率。因此，子弹下落比上升所用的时间更长。

对引子例3雪橇问题的精彩解析

再仔细端详一下图4，我们会发现，雪橇运动员A在每一个瞬间都具有水平速度 v_0（没有垂直速度），而雪橇运动员B有一个初速度的水平分速度 v_0，并且只要向下运动，其水平分速度就会增加，因为他是在做加速运动。

为什么他在加速运动呢？一个物体静止在水平面上时对该平面会产生一个作用力，该平面也会对该物体产生一个大小相等但方向相反的反作用力。如果反作用力与物体向下的力不等，那么该物体就不再静止，而是作加速运动。

当物体运动时，这些说法仍然成立。当 B 沿着曲线路径向上或者向下运动时，反作用力有一个水平分量——向下运动时向右（令 B 加速），向上运动时向左（令 B 减速）。当 B 向上运动时，它的水平速度分量不断减小至 v_0，但不会小于 v_0（记住，没有摩擦力）。因此，在任何时刻，B 的水平速度分量都至少和 A 一样大，所以 B 会最终赢得比赛。无论 B 选择的路径是什么（假设 B 的路径是数学家所说的“良好型”的，即路径上没有尖利的角，不会导致 B 撞到墙或者飞出赛道），哪怕它明显要长得多，这个结论依然成立。

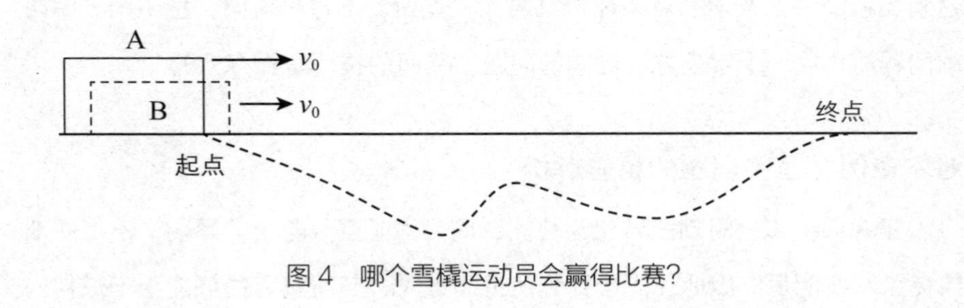

图 4　哪个雪橇运动员会赢得比赛？

对引子注释⑮飞行问题的精彩解析

设 A 与 B 之间的距离为 d，飞机在无风时的速度为 s，风速为 w。那么，飞机往返所需的总时间 T 就是顺风和逆风飞行时所需时间的总和。

$$
\begin{aligned}
T &= \frac{d}{s+w}+\frac{d}{s-w}=\frac{d(s-w)+d(s+w)}{(s+w)(s-w)} \\
&= \frac{2sd}{s^2-w^2}=\frac{2sd}{s^2\left(1-\frac{w^2}{s^2}\right)}=\frac{2d}{s}\left[\frac{1}{1-\left(\frac{w}{s}\right)^2}\right]
\end{aligned}
$$

当无风时（$w=0$），$T=\frac{2d}{s}$；当 $w>0$ 时，括号中的分母变小，则 $T>\frac{2d}{s}$。因此，出现恒速的风总是会使总的飞行时间增加。

那么，如果 $w = s$，不用数学，又该怎样分析这道问题呢？答案是，仅用目测就可以了。

由于飞行速度 s 与风速相等，飞机在返程中又是逆风飞行，那么飞机会僵在空中，无法向前移动，永远也到不了 A 地（即当 $w = s$ 时，$T = \infty$）。

注释

① 西德尼·史密斯（1771—1845，英国传教士，生活的幽默评论员）写于 1835 年 7 月 22 日的一封信。

② 在本例中，我们假设空气阻力为 $f(v)$（v 是子弹的速度），这在物理学上具有合理性，即：（1）$v>0$ 时，$f(v)>0$；（2）$v=0$ 时，$f(v)=0$；（3）当 v 变大时，$f(v)$ 单调递增。

③ 我将 N 的阶乘写为 $n!$。如果 n 是正整数，$n!=(n)(n-1)(n-2)\cdots(3)(2)(1)$。例如，$4!=24$。如果你注意到 $n!=n(n-1)!$，那么就可以得出 $0!=1$。你明白了吗？（试着算算 $1!$，即 $n=1$ 时。）

④ 自然数 e 是苏格兰数学家詹姆斯·斯特林（James Stirling，1692—1770）命名的，但是由出生于法国的英国数学家棣莫弗（Abraham De Moivre，1667—1754）于 1733 年真正发现。当然，e 是数学中非常重要的一个数，它的值为 2.7182818. . . 当不断逼近 e 的精确值时，尽管绝对误差一直存在，但相对误差几乎为 0。因此，我们在此使用“~”号，而不是等号。即，如果 $E(n)$ 是某个函数 $f(n)$ 的近似值，那么，绝对误差是：

$$\lim_{n\to\infty}|E(n)-f(n)|=\infty$$

但相对误差是：

$$\lim_{n\to\infty}\frac{|E(n)-f(n)|}{f(n)}=0$$

⑤ 我可不想向你透露故事的走向，这样会毁了整个故事。但如果你确实好奇，可以读读《数学幻想曲》（*Fantasia Mathematica*，克利夫顿·费迪曼主编）重印本中的《远征》（*Expedition*），该书由西蒙与舒斯特公司于 1958 年出版。我一直觉得布朗可能受到了著名摇滚音乐歌手比尔·哈雷（Bill Haley）于 1954 年创作的金曲《镇上的十三个女人和唯一一个男人》（*Thirteen Women and Only One Man in Town*，虚构了核战争中唯一幸存的男性）以及哈雷彗星的启发，才创作了这个故事。

⑥ 对光线路径的向量描述也可以看成是对光线中每一个光子的位置向量的描述。

⑦ 使用极短脉冲的原因是光速极快。光在 1 纳秒内可以传播 1 英尺，所以光传播 1 英寸所需的时间为 $\frac{1}{12}$ 纳秒。为了精确地测量月球与地球的距离以及月球远离地球的具体情形，发射时间必须比 $\frac{1}{12}$ 纳秒还短。（发射时间？脉冲时间？这里有个问题是时间零点的选取，可能脉冲宽度并不十分重要！）

⑧ 物理学家和其他学科的科学家、工程师很少有需要知道 π 值的小数点后超过 5 位或 6 位的情形，那么，为什么要知道 π 值的小数点后第几万亿位数的值呢？其中一个理由是，数学家想知道 π 值中的数字是否分布均匀。简而言之，即 0，1，2，···，8，9 每次“随机”出现的概率是否各为 10%？数学家需要“通过试验”研究几万亿个数字来回答该问题。（据我所知，π 中的数字是均匀分布的。）

⑨ 1674 年，德国数学家戈特弗里德·莱布尼茨（Gottfried Leibniz，1646—1716）发现了这个计算 π 值的式子并因此获得盛名。他对这个式子评论道:“上帝喜欢奇数。”明显忽略了公式最开始的偶数 4。

第2章

黄灯困境

交通灯正好变黄，我应当怎么做？

该踩油门，还是刹车？

天啊，我希望自己别犯错！

—— 保罗 · J. 纳辛

黄灯亮了，应该怎么办？

上面这首简单的诗歌（让我向真正的诗人致以诚挚的歉意）反映了每位司机经常遇到的窘境。通常我们很容易做出决定，但有些时候却又不太容易，或者至少不能在短时间比如1秒之内迅速做出判断。交通灯刚好变黄，你应当“放手一搏”，祈祷在交通灯变红之前顺利闯过十字路口；还是应当急踩刹车，并祈祷车子前端不要压上斑马线？[①]

现在，让我们先快速温习一下解决这个问题所需的简单物理学知识。如果一个物体以速度 V 匀速运动，那么显然，经过时间 T，该物体运行的距离 s 为

$$s = VT$$

但是，如果该物体以恒定加速度 a 做加速运动，那么经过时间 t 后（$0 \le t \le T$）物体的速度为

$$v(t) = V + at$$

所以，在时间 $0 \le t \le T$ 运行的距离为

$$s=\int_0^T v(t)\mathrm{d}t=\int_0^T (V+at)\ \mathrm{d}t=VT+\frac{1}{2}aT^2$$

最后，假设时间 $t=0$ 时，该物体的运动速度为 V，然后开始以恒定加速度 b 减速。那么该物体停止运动（速度减为零）需要多长时间呢？该物体的速度可以表达为

$$v(t)=V-bt$$

所以，当 $t=\frac{V}{b}=T$ 时，$v(t)=0$。在这一减速过程中，物体运行的距离为

$$s=\int_0^T v(t)\mathrm{d}t=\int_0^T (V-bt)\mathrm{d}t=VT-\frac{1}{2}bT^2=V\frac{V}{b}-\frac{1}{2}b\left(\frac{V}{b}\right)^2=\frac{V^2}{2b}$$

好的，现在你可以考虑怎样做决定了。

显然，交通灯困境涉及很多因素，包括你开得有多快，距离十字路口有多远，车的加速度（和制动时的负的加速度）有多大，黄灯时间有多长，你的反应时间，十字路口的宽度，车身长度，如此等等。而你大脑中可能上一秒还在想晚饭吃什么，现在却不得不马上换挡，考虑所有因素并迅速做出决定。多数人凭直觉行动。如果交通灯变黄时自己的车速很快，就有可能带来麻烦。但他们又时常惊讶地发现，在交通灯变黄时，即使车开得很慢，仍有可能深陷麻烦。这个问题与物理学和数学相关（仅涉及一点电脑绘图），暴露出极其普遍的“交通灯困境”。

在开始分析之前，我们先做出以下设定：

• D = 十字路口的宽度

• L = 车身长度

• T = 黄灯持续时间

• R = 司机反应时间

- V = 交通灯变黄瞬间的车速
- a = 动力驱动下的汽车加速度
- b = 汽车的制动减速度

接下来我们来考虑两种情况，代号分别为 A 和 B。在这两种情况中，当交通灯变黄时，汽车前端距离十字路口的距离均为 d。

选择 A：加速驶过十字路口

为了使这个选择成功，在交通灯变红前，汽车后端必须通过十字路口。因此，要让司机成功，则

$$VR + V(T-R) + \frac{1}{2}a(T-R)^2 \geq d + D + L$$

这个不等式中各项的意义如下：左边的第一项是司机看到黄灯但没有来得及反应之前汽车前行的距离；第二项是司机反应后在没有加速度的情况下汽车以初速度前行的距离；第三项是司机踩下油门并以一定的加速度加速前行而额外前行的距离。右侧的三项分别是汽车前端距离十字路口的距离、十字路口的宽度和车身长度，这三项之和即汽车要行驶的总距离。

选择 B：刹车

要使这个选择成功，汽车前端必须不进入十字路口。因此，

$$VR + \frac{V^2}{2b} \leq d$$

这个不等式中各项的意义如下：左边的第一项是司机看到黄灯但没有来得及反应之前汽车前行的距离；第二项是司机踩下刹车后行驶的距离。右边的只是汽车行驶到十字路口边缘的距离。

注定违法，抑或侥幸逃脱？

现在，通过刚才对 A、B 两种情形的分析，我们已得到

$$d \leq VT + \frac{1}{2}a(T-R)^2 - D - L$$

且

$$d \geq VR + \frac{V^2}{2b}$$

即在这两种情形时，司机的选择可以成功。当司机的行为不能满足 A、B 情形下的这两个不等式时，他必将陷入困境。因此，将这两个不等式反过来并结合在一起，那就是

$$\frac{V^2}{2b} + VR > d > VT + \frac{1}{2}a(T-R)^2 - D - L$$

即在此情形时，司机注定要违反交通法了。在交通灯变红时，他不是闯红灯就是已经压线。

那么，司机得留意啦：双不等式的左边是关于 V 的抛物线，右边是关于 V 的直线。因此，如果我们以 V 为横坐标、以 d 为纵坐标对这两个不等式作图，那么抛物线以下、直线以上的区域就是“困境”，如图 2-1 所示。

为了更清晰地表现我们将遭遇的情形，一些变量采用了典型值：

- $D = 45$ 英尺
- $L = 12$ 英尺
- $T = 3$ 秒
- $R = 0.75$ 秒
- $a = 3$ 英尺 / 秒 ^{2}
- $b = 12$ 英尺 / 秒 ^{2}

正如你所看到的，图中的两个阴影区域就是“困境”区域，而白色区域至少能满足双不等式中的某一种情形。阴影上方的白色区域表示司机选择刹

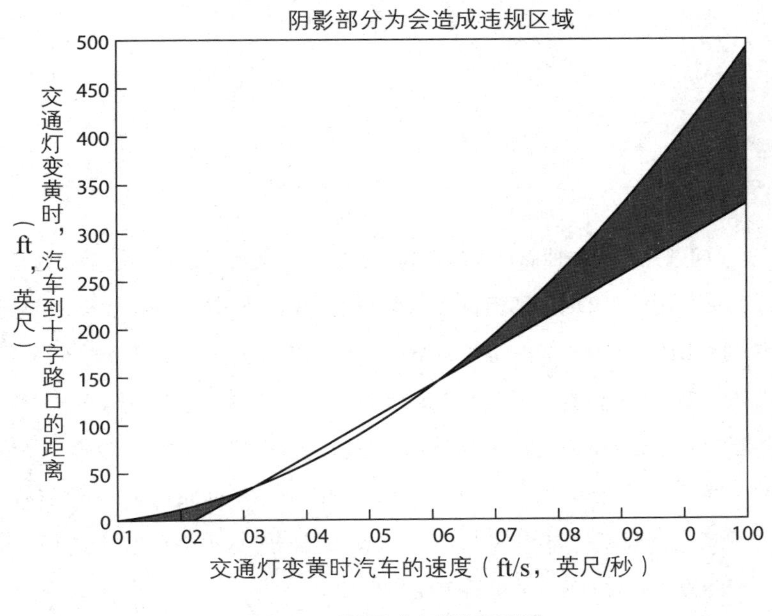

图 2-1 图示“交通灯困境”

车时可以车不压线，阴影下方的白色区域表示司机加大油门可以顺利通过十字路口。在直线和抛物线之间，还有一小块非常狭窄的白色区域，表示司机既可以刹车，也可以加速通过十字路口，两种选择都会成功。

注释

① 这个问题经常以各种面目出现在物理文献中，我第一次碰到这个问题是在阅读一篇 50 多年前的论文时。那篇论文是霍华德 · S. 塞弗特（Howard S. Seifert）写作的《交通灯困境》（*The Stop-Light Dilemma*），刊于《美国物理学杂志》1962 年 3 月刊第 216—218 页。但是在本书中，我参考的是唐 · 伊斯顿（Don Easton）的论文《重提交通灯困境》（*The Stoplight Dilemma Revisited*），刊于《物理学教师》（*Physics Teacher*）1987 年 1 月刊第 36—37 页。塞维尔 · 查普曼（Seville Chapman）还在《美国物理学杂志》1942 年 2 月刊第 22—27 页提出过一个极为接近（但却并不简单）的问题：应当停车还是加速，才能避免撞车？

如果该分析中这个问题的"规则"发生了改变，那么分析过程本身也不得不跟着发生改变。例如，在亚利桑那州，十字路口开始于一条看不见的线，这条线决定了限制的范围。只要在红灯亮起时，汽车的前端过了那条线，那么你的行车行为就是合法的。十字路口的宽度和车身的长度在此处不起作用。加利福尼亚州的情形也差不多：黄灯行车并非违法，黄灯仅表明交通灯很快会变成红色。只要在红灯亮起之前，汽车进入十字路口或是通过十字路口或者限制线，那么你就没有违法。这是我对亚利桑那州和加利福尼亚州行车规则的分析。你也可以结合当地的规则，得出自己的分析和结论。

第3章

风的能量

贝茨极限是你能使用的最佳方法。

—— 记住贝茨定律最简单的方法

如果你曾置身于巨大的风暴中，或是在电视上看到过龙卷风席卷一切的报道，那么对气流具有巨大能量这一说法你一定不会反对。再来个动静小一点的例子：飞机起飞时，你从远处望去，就是一架重达250吨的喷气式飞行器腾空而起。

现在，人们对能源的担忧与日俱增，很自然地会想到是否有方法可利用世界上无处不在的风能，答案当然是肯定的。

8倍的风速能带来8倍的功率吗？

我们来分析一下气流的能量。假设有一团空气（可看作边长为 s 的立方形气体），其质量为 m，移动速度为 v。那么，这团空气移动产生的风的动能为$\frac{1}{2}mv^2$。我们再做进一步的假设，假设这团空气像日常生活中常见的具体物质一样在某个表面移动，那么其移动产生的风的能量为 $E=\frac{1}{2}mv^2$，经过上述表面所需的时间为 $\Delta t=\frac{s}{v}$。能量经过这个表面的速率，换句话说，风的功率 P，也即风在单位时间内的能量 $\frac{E}{\Delta t}$ ，可以表达为

$$P=\frac{\frac{1}{2}mv^2}{\frac{s}{v}}=\frac{m}{2s}v^3$$

由此可以看出,风的功率随风速而变化。风速为 120mph(即英里/小时)时的功率是风速为 60mph 时的 8 倍(千万别想当然地以为是 2 倍)。

将风能转化为电能的最大效率只有 59.3%?

1920 年,德国工程师阿尔伯特·贝茨(Albert Betz,1885—1968)发表了其利用风能的最佳方法的经典分析,即如何使用风力发电。他表示,利用简单的物理学和非常基础的数学知识,风力发电机(最简单的形式是两端开口的圆筒内有一个风扇叶片)可以把气流的动能转化为有用的能量(比如电能),最高效率可达 59.3%。这个值被称为贝茨极限。那么,贝茨极限是怎样计算出的呢?

为了理解风力涡轮机是如何利用风能的,我们假设空气以速度 v_i 进入风力涡轮机(面积为 A)的入风口,遇到风机叶片时速度减小为 v_f,当然 $v_f < v_i$(因此对叶片产生作用力,从而带动发电机的轴开始旋转)。最后,从出风口出来时,风的速度进一步减小为 v_o,$v_o < v_f$。作用在风力涡轮机叶片上的力,与气流从开始进入到离开风轮机的动量改变量直接相关。①

以 ρ 表示空气密度(单位为千克/米³),则气流经过风力涡轮机叶片的单位时间的流量(千克/秒)为

$$\mu=\rho A v_f$$

通过单位“千克/秒”,也可以验证该公式的正确性。这就是我们平时所说的空气流量的单位。当气流以该流量进入风力涡轮机的入风口时,单位时间流过空气的动量为 μv_i;当气流离开出风口时,其动量为 μv_o。你可以再一次确认 v 的单位是否为千克·米/秒²,这也是力的单位。

因此,风力涡轮机的叶片所受的力为

$$F=\mu v_i-\mu v_o=\mu(v_i-v_o)$$

既然功率是力和速度的乘积[②]，那么风力涡轮机叶片的功率 P_f 为

$$P_f = \frac{1}{2}\mu\left(v_i^2 - v_o^2\right) = \frac{1}{2}\rho A v_f(\mathrm{v}_i + \mathrm{v}_o)(v_i - v_o)$$

或

$$P_f = \rho A v_f^2(v_i - v_o)$$

风力涡轮机的叶片的功率也可以表达为气流进入和离开时的动能之差，即

$$P_f = \frac{1}{2}\mu\left(v_i^2 - v_o^2\right) = \frac{1}{2}\rho A v_f(v_i + v_o)(v_i - v_o)$$

把以上两个等式联立可得

$$\rho A v_f^2(v_i - v_o) = \frac{1}{2}\rho A v_f(v_i + v_o)(v_i - v_o)$$

化简后得

$$v_f = \frac{1}{2}(v_i + v_o)$$

由此可以看出，风力涡轮机叶片上的风速是空气进入和离开风机时速度的平均值。

将此式代入风力涡轮机叶片的功率表达式，可得

$$P_f = \rho A \frac{1}{4}(v_i + v_o)^2(v_i - v_o)$$

或

$$P_f = \rho A \frac{1}{4}(v_i + v_o)(v_i^2 - v_o^2)$$

如何才能提高风力涡轮机的功率呢？你可以看出，表达式右边的参数要么是固定的（ρ 和 A），要么是我们无法控制的 (v_i)。但是只要对风轮机进行合理的机械设计，我们就可以控制出风速度 v_o。

要使 P_f 达到最大值，需对 P_f（关于 v_o）求导，并令其等于零

$$\frac{4}{\rho A}\frac{\mathrm{d}P_f}{\mathrm{d}v_o} = \left(v_i^2 - v_o^2\right) + (v_i + v_o)(-2v_o) = 0$$

或

$$(v_i - v_o)(v_i + v_o) - 2v_o(v_i + v_o) = 0$$

或

$$v_i - v_o - 2v_o = 0$$

最后可得

$$v_o = \frac{1}{3}v_i$$

由此可知，当气流离开风力涡轮机的速度是进入时的 $\frac{1}{3}$，风机发电机的功率可以达到最大值。此时，最大功率 $P_{f\max}$ 为

$$\begin{aligned} P_{f\max} &= \rho A\frac{1}{4}\left(v_i + \frac{1}{3}v_i\right)\left(v_i^2 - \frac{1}{9}v_i^2\right) \\ &= \frac{1}{4}\rho A\frac{4}{3}v_i\frac{8}{9}v_i^2 = \frac{32}{108}\rho Av_i^3 = \frac{1}{2}\rho Av_i^3\left(\frac{16}{27}\right) \end{aligned}$$

因为 $\frac{1}{2}\rho Av_i^3$ 是空气进入风轮机时的功率[3]，所以

$$\frac{P_{f\max}}{P_{输入}} = \frac{16}{27} = 0.593$$

由此，我们得出了“贝茨极限”。

一台普通风力涡轮机的功率水平只能满足 10 个家庭？

那么，我们通常所说的合理尺寸的风力涡轮机，其功率水平如何呢？例如，假设有一个风力涡轮机，其圆形入风口直径为 100 英尺，运行时的风速

达20mph。根据上文提到的公式，可得

$$\frac{P_{输入}}{A}=\frac{1}{2}\rho v_i^3$$

因此，使用MKS（米/千克/秒）单位来计算，v_i 的单位为米/秒，A 的单位为平方米，那么 $\frac{P_{输入}}{A}$ 的单位为瓦/米^2（和入风口面积相关）。海平面的空气密度 $\rho=1.22$ 千克/米^3，则

$$\frac{P_{输入}}{A}=0.61v_i^3\ 瓦特/米^2$$

如果该风力涡轮机使用的圆形入风口的直径为 D（单位为米），则

$$P_{输入}=0.61\pi\frac{D^2}{4}v_i^3\ 瓦特=0.479D^2v_i^3\ 瓦特$$

我们可以使用如下所示的美国读者更熟悉的单位（即 v_i 的单位是mph，D 的单位是英尺）。因为1米=39.37英寸=3.28英尺，所以

$$1\,\text{mph}=\frac{5\ 280英尺}{3\ 600秒}\times\frac{12英寸}{英尺}\times\frac{1}{39.37\frac{英寸}{米}}=0.447\frac{米}{秒}$$

这意味着

$$1\frac{米}{秒}=\frac{1}{0.447}\text{mph}=2.24\,\text{mph}$$

那么，当 D 的单位是英尺，v_i 的单位是mph时

$$P_{输入}=0.479D^2v_i^3\frac{(2.24)^3}{(3.28^2)^3}\ 瓦特=4.3\times10^{-3}D^2v_i^3\ 瓦特$$

因此，当 D=100英尺，$v_i=20$mph时

$$P_{输入} = 4.3 \times 10^{-3} \times 100^2 \times 20^3 \text{瓦特} = 344 \text{千瓦}$$

因此，我们假设中的这款风力涡轮机达到“贝茨极限”（假设机械能100%转化为电能）时的功率为

$$P_{f\max} = 0.593 \times 344 \text{千瓦} = 204 \text{千瓦}$$

这个值有什么意义呢？我们可以参考日常生活来了解一下。一个使用200安培/110伏特供电系统的现代家庭，所需的最大功率是22千瓦。

电动汽车克服风阻得耗多少油？

我们还可以根据风的功率计算式 $P = \frac{1}{2}\rho A v^3$，再做一个相当有趣的计算。

一辆电动汽车在静止的空气中以速度 v 行驶，当时有效风速为 v，风对汽车产生了阻力。车载电池必须提供足够的功率才能克服空气阻力，这一功率可以表达为 $\frac{1}{2}\rho A v^3 C_D$，$C_D$ 是一个无量纲的阻力系数，流线型车都需要纳入该值。对于大部分汽车，C_D 约为 $\frac{1}{2}$。因此，为了克服空气阻力，这辆电动汽车的输出功率应为

$$P = \frac{1}{4}\rho A v^3$$

假设这辆车前端与风接触的面积 A 为3平方米，车速 v = 50mph（22.3米/秒），那么

$$P = \frac{1}{4} \times 1.22 \times 3 \times 22.3^3 \text{瓦特} = 10\ 150 \text{瓦特}$$

目前，电动汽车电池组的电压普遍在300到400伏特之间，所以，要克服风速为50mph的空气阻力，电池所需的稳定电流应在25到34安培之间。如果该车要以50mph的速度行驶100英里，那么该电池需要以该稳定电流供电2小时。因此，在这辆车以50mph的速度行驶100英里的过程中，克服空气阻力所需的总能量④为

$$10\,150\frac{\text{焦耳}}{\text{秒}} \times 3\,600\frac{\text{秒}}{\text{小时}} \times 2\text{小时} = 7.3 \times 10^7\text{焦耳}$$

这个值相当于 1 加仑汽油所含的化学能。由此可知，未来电动汽车的关键问题在于发展小巧紧凑、易于充电的电池，这类电池可以储存大量能量，并将能量以千瓦级的速率供给汽车的发动机。（注：1 瓦特 = 1 伏特 ×1 安培。）

本章彩蛋：送你一根银条！

在本章结尾，我想强调一下有关物理量的单位的问题，这个问题会贯穿整本书。毫不夸张地说，物理学涉及宇宙中从小到大的无数物体，在处理相关问题时，会使用一种以上的单位系统。在各不相同的单位系统内轻松转换是一种令人称道的技能，但在科学圈外却不怎么看重这一技能。这让我想起了有一天傍晚我开车回家时在途中无意间听到的一则广播广告，这则广告是贵金属（金和银）经销商发布的。在广告中，推销员声称，所有投资者都应该在地下室藏一堆金属硬币[5]（“到年底，每盎司银的价值可达 50 美元——不要错过了！”）。推销员会让你看花花绿绿的报告（还有购买合同），以表明他们的真诚（无论那意味着什么），如果你成功签下了合同，推销员还会送你一根 1 克重的银条。

银条？很诱人是吧？那么问题来了，1 克重的银条值多少钱呢？ 1 磅等于 454 克，也相当于 16 盎司，因此 1 盎司的银就是 28.4 克的银。如果 1 盎司的银的价格真的到了 50 美元，即 28.4 克的银的价格为 50 美元，那么，1 克银条的价格就是 1.76 美元——相当于 3 枚一类邮票的价格（2016 年）。那我宁愿他们赠送的是邮票，至少这还有点用处。

注释

① 动量是质量与速度的乘积，即 mv。力 F（此处 m 为常数）可表示为 $F=\frac{\mathrm{d}(mv)}{\mathrm{d}t}=m\frac{\mathrm{d}v}{\mathrm{d}t}=ma$，其中 a 是加速度（这也是所谓的“牛顿第二运动定律”的表达式）。力的公制单位为千克·米/秒 ^{2}。

② 功（能量）= 力 × 距离，$\frac{能量}{时间}$ = 功率 = 力 × $\frac{距离}{时间}$ = 力 × 速度。这可以解释“动能” $\frac{1}{2}mv^2$ 是怎么来的：$F=ma=\frac{\mathrm{d}^2x}{\mathrm{d}t^2}$，$F\frac{\mathrm{d}x}{\mathrm{d}t}$ = 功率 = $\frac{\mathrm{d}E}{\mathrm{d}t}$（$E$ 代表能量），则 $\frac{\mathrm{d}E}{\mathrm{d}t}=m\frac{\mathrm{d}^2x}{\mathrm{d}t^2}\frac{\mathrm{d}x}{\mathrm{d}t}=\frac{\mathrm{d}}{\mathrm{d}t}\left\{\frac{1}{2}m\left(\frac{\mathrm{d}x}{\mathrm{d}t}\right)^2\right\}$，因此 $E=\frac{1}{2}m\left(\frac{\mathrm{d}x}{\mathrm{d}t}\right)^2=\frac{1}{2}mv^2$。

③ 让我说得更清楚一些：密度为 ρ 的空气以速度 v_i 通过面积 A 进入风力涡轮机的入风口，气流每质量单位的动能为 $\frac{1}{2}v_i^2$，质量流动速率为 ρAv_i。因此，单位时间内的动能，即输入功率为 $P_{输入}=\frac{1}{2}v_i^2\rho Av_i=\frac{1}{2}\rho Av_i^3$。

④ 能量的 MKS 单位是焦耳，1 $\frac{焦耳}{秒}$ = 1 瓦特。

⑤ 推销员的话让我想起了老旧的漫画书里的形象：史高治·麦克老鸭（Scrooge McDuck）。它是唐老鸭（Donald Duck）的舅舅，喜欢在他那“三立方英亩”的钱箱里游泳。那么，三立方英亩是多大呢？假设这个钱箱是正立方体，那么底面已达 12 141 平方米！漫画制作人对科学的了解已经完全脱离了现实世界，这就是再明显不过的证据！

第 4 章

极限速度与神奇失重

如果一切都在掌控之中，那么你还是开得不够快。

—— 马里奥 · 安得雷蒂[①]（Mario Andretti）

狂野赛车

四分之一英里加速赛是原始力量的一种体现。技巧娴熟的汽车维修工换好 4 个轮胎的时间比大多数人绕车走两圈的时间还短，而熟练的驾驶员在极端身体压力下，还能以超警戒状态长时间行车——这些当然不错，但和四分之一英里加速赛相比，根本不值一提！印第安纳波利斯 500 英里大奖赛与之相比也黯然失色，显得慢条斯理，根本无法望其项背。

一场规范的四分之一英里加速赛的赛道仅 1 320 英尺（约 400 米）长，几秒钟内就会创造历史。对于大多数动力强劲的赛车而言，参加一场这样的比赛从开始到结束不会超过 7 秒！车手“唯一”要做的，就是紧握方向盘，直线驾驶！赛车会在启动瞬间尖叫、冒烟，从 0 加速到 220mph，甚至更快！

假设赛车从出发位置行驶 s 英尺所需的时间为 t 秒，恒定加速度为 a，那么

$$s = \frac{1}{2}at^2$$

因此，当 $s = 1\,320$ 英尺，$t = 6$ 秒时

$$a = 73.3\,\frac{\text{英尺}}{\text{秒}^2}$$

因为 1g 也等于 32.2 $\frac{\text{英尺}}{\text{秒}^2}$，假设赛车的匀加速度可以换算为 2$g$，那么车手的感觉就好像有个比自己还重的人正好坐在自己的大腿上！

尽管这个结果令人印象深刻，但却仍没有达到汽车动力的极限。一种名为“轨道赛车”的特殊汽车是世界上加速度最快的汽车，这类汽车重 1 吨以上，可以在 4 秒内以超过 5g 的加速度、325mph 以上的速度跑完四分之一英里！

赛车机械师的梦想：能够预测赛车速度的神奇公式

赛车是一场速度游戏，两个参数就可以定胜负：耗费的时间和跨过终点线时的速度。这两个参数受很多变量的影响，其中最关键的是车体重量和发动机功率，另外还有轮胎大小、压力和地面摩擦力等众多因素。那么，是否存在一个公式，可以用来准确地预测一辆既定的赛车在比赛中的表现呢？发现这个公式是众多赛车机械师的梦想。20 世纪 50 年代末到 60 年代初，从事赛车报道的记者罗杰·亨廷顿（Roger Huntington，1926—1989）成功地得到了该公式，或者说成功地通过经验得到了该公式。

亨廷顿研究了很多赛车在四分之一英里加速赛中的实际表现，经过大量数据运算，最终得到了如下能够预测赛车的最终速度的公式（以 MPH 表示）：

$$\text{MPH} = 225\left(\frac{\text{发动机功率}}{\text{车的重量}}\right)^{1/3}$$

如果发动机功率的单位为马力[②]，汽车重量的单位为磅，那么毫无疑问，MPH 的单位是英里 / 小时。1964 年，物理学家杰弗里·福克斯（Geoffrey Fox）发现了如何用简单物理学知识推导出亨廷顿公式，他是怎么做到的呢？[③]

福克斯假设汽车的质量（不是重量）是 m，引擎功率恒定为 P，时间为 t 时汽车的速度为 v。当时间为 t 时，汽车的动能为 $\frac{1}{2}mv^2$。

假设引擎产生的所有能量都转变成了动能，我们忽略汽车发出噪声的耗能、散热耗能以及轮胎、曲轴、离合器、活塞等部件产生的转动能，那么引擎从时间为 0 到 t 的时间段内产生的所有能量为

$$\frac{1}{2}mv^2 = \int_0^{\mathrm{t}} P\mathrm{d}t' = Pt$$

因为 P 是常数，所以

$$v = \sqrt{\frac{2Pt}{m}} = \sqrt{\frac{2P}{m}}t^{1/2}$$

如果比赛耗时为 T，由于终点速度 $v = \mathrm{MPH}$，所以

$$\mathrm{MPH} = \sqrt{\frac{2P}{m}}T^{1/2}$$

或

$$T^{1/2} = \mathrm{MPH}\sqrt{\frac{m}{2P}}$$

当时间 $t = T$ 时，赛车通过的距离 $s = 1{,}320$ 英尺，所以

$$\begin{aligned} s &= \int_0^T v\,\mathrm{d}t = \sqrt{\frac{2P}{m}}\int_0^T t^{1/2}\mathrm{d}t = \sqrt{\frac{2P}{m}}\left(\frac{2}{3}t^{3/2}\right)\Big|_0^T = \frac{2}{3}\sqrt{\frac{2P}{m}}T^{3/2} \\ &= \frac{2}{3}\sqrt{\frac{2P}{m}}\left\{\mathrm{MPH}\sqrt{\frac{m}{2P}}\right\}^3 = \frac{2}{3}\sqrt{\frac{2P}{m}}\mathrm{MPH}^3\frac{m}{2P}\sqrt{\frac{m}{2P}} \\ &= \frac{2}{3}\times\frac{m}{2P}\mathrm{MPH}^3 = \frac{m}{3P}\mathrm{MPH}^3 \end{aligned}$$

因此

$$\mathrm{MPH} = (3s)^{1/3}\left(\frac{P}{m}\right)^{1/3}$$

这个公式在形式上与亨廷顿由经验所得的公式已大致相同了。

福克斯的公式使用 MKS 单位，即速度 v 的单位为米 / 秒，距离 s 的单位

为米，功率 P 的单位为瓦特，质量 m 的单位为千克。然而，赛车机械师却习惯 s 的单位为英尺，P 的单位为马力，m 的单位为磅。因此，在我们得到的福克斯公式中，将左侧单位改为米 / 秒，那么对于四分之一英里加速赛，有

$$\text{MPH} = \left(3 \times 1\,320 \times \frac{1}{3.28}\right)^{1/3} \left(\frac{746P}{w/2.2}\right)^{1/3}$$

因为 1 米等于 3.28 英尺，1 马力等于 746 瓦特，（地球表面）1 千克物质的重量是 2.2 磅，即

$$\text{MPH} = \left(\frac{3 \times 1\,320 \times 746 \times 2.2}{3.28}\right)^{1/3} \left(\frac{P}{w}\right)^{1/3} = 125.6\left(\frac{P}{w}\right)^{1/3}$$

此处 MPH 的单位为米 / 秒。要使单位变为英里 / 时，可用如下转换公式：

$$1\ \text{米/秒} = 2.237\ \text{mph}$$

所以

$$\begin{aligned} \text{MPH} &= 125.6\left(\frac{P}{w}\right)^{1/3} \text{米/秒} = 2.237 \times 125.6\left(\frac{P}{w}\right)^{1/3} \\ &= 281\left(\frac{P}{w}\right)^{1/3} \text{mph} \end{aligned}$$ ④

福克斯的结论看起来与亨廷顿根据实际经验得出的结论差不多，但福克斯自己写道："尽管理论得到的 281 与实验得到的 225 貌似差异不大，但经过立方计算之后，大约 50% 的理论功率被白白浪费掉了。"也就是说，对亨廷顿公式（该公式描述了赛车的实际表现）进行立方计算后，MPH 的值要小于福克斯公式的理论值。这两者一个是额定功率，另一个是有效功率，其比值为

$$\frac{P_{\text{亨廷顿}}}{P_{\text{福克斯}}} = \frac{225^3}{281^3} = 0.51$$

福克斯在他的论文中从理论上探讨了很多与赛车相关的情况，不过，让我们到此为止吧，因为我们只关注“简单”物理学。

空间站勇斗巨无霸

现在，我们来讨论一下上文提到过的重量和质量之间的差别。（我会给出几个在MKS单位和英制单位之间转换的例子。）质量度量的是物质的数量，简单地说，就是原子的数量。当我们把一个物体从重力环境（地球表面）转移到其他地方（外太空）时，其原子数量不变。

那么，什么会变呢？物质的重量会变。物体的重量是指物体受到的重力，根据著名的牛顿公式 $F = ma$ 可以得出（MKS单位系统中力的单位是牛顿）。在地球表面，$a = g = 9.8$ 米/秒^2，重力就是 $F = mg$。但是，在绕地轨道上，重力的作用消失了（本书后面会提到），$F = 0$，即物体失重了。在地球表面上，1千克物质的重力为2.2磅，即9.8牛顿，所以牛顿和磅之间的转换公式为

$$1 \text{ 牛顿} = 0.225 \text{ 磅}$$

六年前的《美国物理学杂志》上有一条非常有趣的注释，很好地阐明了质量和重量之间的差别。这条解释在当时还是边缘科幻小说中的情节，但后来却成了国际空间站上宇航员的常识。[5]“假设你在空间站上工作，‘正站在’空间站（总质量很大）的外表面上，你的前后有一堵坚固的墙。有一个重达10吨的物体正在以1英尺/秒的速度逼近你，将要把你压在墙上。那么问题来了：你应‘撤离现场’，还是试图操控并最终阻止该物体？”

作者在注释的最后是这样写的：“假设物体在停止过程中的（负）加速度恒定且距你的距离超过3英尺（直线距离，该物体也不是异形怪物）……你只要以100磅的力作用6秒钟就够了，普通人都能够完成这个任务！”作者并没有给出得到这个结论的计算过程，不过，我们可以帮他补上完整的计算过程。

首先，我们将这个“10 吨的物体”单位换算成千克。由于

$$\frac{20\,000\text{ 磅}}{2.2\text{磅/千克}} = 9\,091\text{ 千克}$$

所以

$$10\text{ 吨} = 10\,000\text{ 千克}$$

物体受到一个恒定的（负）加速度 a，$t=0$ 时的初始速度为 V，则速度

$$v = V - at$$

所以，设 $t=T$ 时物体的速度减为 0，则

$$T = \frac{V}{a}$$

在减速过程中物体通过的距离 D 可以以下式表示

$$D = \frac{1}{2}aT^2 = \frac{1}{2}a\frac{V^2}{a^2} = \frac{V^2}{2a}$$

所以

$$a = \frac{V^2}{2D}$$

从而得到

$$T = \frac{V}{\frac{V^2}{2D}} = \frac{2D}{V}$$

将 $D=3$ 英尺，$V=1$ 英尺 / 秒，$T=6$ 秒代入，则由 $F=ma$ 得出

$$\begin{aligned} F &= m\frac{V^2}{2D} = 9\,091\text{ 千克}\ \frac{\left(1\frac{\text{英尺}}{\text{秒}} \times 1\frac{\text{米}}{3.28\text{英尺}}\right)^2}{2\times 3\text{英尺} \times 1\frac{\text{米}}{3.28\text{英尺}}} \\ &= 462\ \frac{\text{千克}\cdot\text{米}}{\text{秒}^2} \\ &= 462\text{ 牛顿} \times 0.225\ \frac{\text{磅}}{\text{牛顿}} = 104\text{ 磅} \end{aligned}$$

正如这条注解的作者说的那样。

对引子例 4 超速问题的交警调查

其实，本章的知识也可以用来解决引子中的最后一个问题，即有关汽车打滑的问题。我们会用到已经讨论过的简单物理学知识，再加上一点非常简单的和摩擦力有关的知识。事实上，摩擦是一个非常复杂的物理学过程，但是，我们只需使用摩擦力的基本数学表示法，就可以完美地解决问题。

实验发现，质量为 m 的物体在水平表面以速度 v 运动时，会受到一个大小为 μmg 的阻力 f（摩擦力），其中摩擦系数 μ 为恒定正数。μ 的值基本上与 m 和 v 无关。mg 是垂直作用于平面的力（重力），但更为常见的情况是物体被置于一个与水平面夹角为 θ 的倾斜斜面上，那么，作用于该斜面上的垂直作用力为 $mg\cos(\theta)$。

当汽车的橡胶轮胎在水泥路表面驶过时，实验发现，轮胎旋转时 μ 的值要比不旋转（轮胎打滑）时大。[6]

如图 4-1 所示，质量为 m 的物体在倾角为 θ 的斜面上向上滑行一段距离 s 后，速度减为 0。（这个问题的后一种情况是物体从斜坡上端向下滑行，

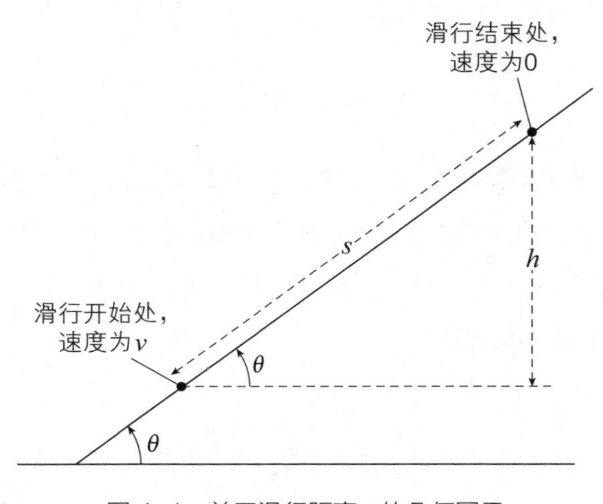

图 4-1　关于滑行距离 s 的几何图示

此时 $\theta < 0$。）物体从开始运动到静止的过程中，上升的垂直距离为 h。如果物体开始滑行时的速度为 v，当停止运动时，物体失去了动能却获得了势能，其间净损失的能量为 $\frac{1}{2}mv^2 - mgh$。

损失的能量即物体在滑行过程中被摩擦力消耗的能量。因此，由于能量是“力和距离的乘积”（见第 3 章注释②），我们可以得到

$$\frac{1}{2}mv^2 - mgh = fs = \mu mg\cos(\theta)s$$ ⑦

因为

$$h = s\sin(\theta)$$

所以

$$v^2 - 2gs\sin(\theta) = 2\mu mgs\cos(\theta)$$

或

$$v = \sqrt{2gs[\mu\cos(\theta) + \sin(\theta)]}$$

通常，在汽车事故调查工作中，θ“很小”，所以我们可以作出如下近似：$\sin(\theta) \approx \theta$（弧度为 θ）⑧，$\cos(\theta) \approx 1$。那么，汽车开始滑行时的速度 v 为

$$v = \sqrt{2gs[\mu + \theta]}$$

这个公式对于交警调查汽车事故非常有用。要使用这个公式，我们需要知道 μ 的值，这个值可以通过在事发地点做相似车辆的滑行测试得到。

那么，假设测试车辆以 25mph 行驶，制动滑行后的滑行距离为 46.5 英尺，从上述 v 的表达式中可以得到

$$\mu + \theta = \frac{v^2}{2gd} = \frac{\left[\left(\frac{25}{60}\right) \times 88\right]^2}{2 \times 32.2 \times 46.5} = 0.45$$

在这里，我使用 60mph = 88 英尺 / 秒（fps）进行了转换。请注意，这个结果还不是 θ 的值（除非 $\theta = 0$），而是包括了道路坡度在内的值。那么，对于引子中的问题，已知汽车上坡时的滑行距离为 106 英尺，则开始滑行时的速度为

$$v = \sqrt{2 \times 32.2 \times 106 \times 0.45} = 55.4 \text{ fps} \approx 38 \text{ mph}$$

很显然，司机超速啦！

那么，又该如何解决关于这个问题的第二种情况呢？也就是说，如果是下坡路，结果会有所不同吗？如果汽车是在 8% 的下坡路上滑行了 106 英尺的距离，其他条件都不变，那么，下坡速度 v_d 应当如何表示？我们把刚刚计算得到的上坡速度记为 v_u，就像我们刚才算出的，上坡时的速度 v_u 的计算公式（$\theta > 0$）为

$$v_u^2 = 2gs[\mu + \theta]$$

那么，只要把 θ 替换成 $-\theta$，就是下坡时的速度计算公式了。所以

$$v_d^2 = 2gs[\mu - \theta]$$

因此

$$v_u^2 - v_d^2 = (2gs\mu + 2g\theta s) - (2gs\mu - 2g\theta s) = 4g\theta s$$

或者，对于坡度为 8% 的斜坡，我们可以取 $\theta = 0.08$ 来求得近似值，即

$$\begin{aligned} v_d^2 &= v_u^2 - 4g\theta s \\ &= \left\{(55.4)^2 - 4 \times 32.2 \times 0.08 \times 106\right\} \text{英尺}^2/\text{秒}^2 \\ &= 1\,977 \text{英尺}^2/\text{秒}^2 \end{aligned}$$

因此

$$v_d = 44.5 \text{ fps} = 30.3 \text{ mph}$$

这表明，司机的行车速度仍然超过限制速度 25mph，但是和上坡时相比，超速没有那么严重。

注释

---

① 一级方程式世界锦标赛车手。

② 1马力等于746瓦特。如果你好奇这个数字是怎么来的，那我得说，这只是历史上意外发现而已，可以追溯到早期蒸汽机时代。这段历史很有意思，但毕竟我们现在谈论的是物理学，就不多说了。

③ 请参考杰弗里·福克斯的论文《赛车比赛的物理学》，发表于《美国物理学杂志》1973年3月刊第311—313页。福克斯写这篇文章时还是美国圣塔克拉拉大学（位于加利福尼亚州）的物理学教授，但后来他离开了学术圈，开始了美国福克斯赛车生涯。

④ 福克斯在这篇论文中给出的系数是270，而不是281。他只是给出了数值，没有写出任何计算过程。个人认为，“270”只是一个排印错误。

⑤ 请参考约翰·W. 波格森（John W. Burgeson）的论文《自由空间动力学问题》，发表于《美国物理学杂志》1956年4月刊第288页。

⑥ 由于滑行过程中摩擦力减小，由此会带来安全隐患，所以在紧急刹车时轮胎最好不要打滑，这是ABS系统（防抱死系统）在研究大量交通事故后得出的结论。通常，装有ABS系统的车主在车险上可以享受一定的折扣，因为这大大提高了行车的安全性。

⑦ 由于摩擦力的作用，滑行的轮胎会因摩擦变热。所以在滑行过程中，一部分动能会转化为热能。根据一级近似，我们将这个效果忽略掉。

⑧ 当 $sin(\theta) = 0.08$ 时，$\theta = 4.6$，我想大多数人都会同意这个角度“很小”。

第5章

向心力与万有引力

因此大卫仅用一绳一石，就战胜了腓力斯人。

——《圣经·旧约》[①]

大卫用什么法宝战胜了巨人？

当你把石头系在一根绳子的末端，用手抓住绳子的另一端用力挥动绳子，使石头绕着头顶转圈时，可以感受到惯性离心力或者石头受到向心力的作用。你骑旋转木马时，就是在亲身体验向心力。地球绕太阳公转时也会受向心力的作用。在第一种情形中，石头受到的向心力来自于绳子的张力（你感受到的是大小相等、方向相反的离心力）；在第二种情形中，向心力是你的身体受到旋转木马的力，它使你不会从旋转的平台上掉下去；在最后一种情形中，向心力来源于引力。

人们通常认为，如果放开石头（或者旋转木马），石头（或人）会直接沿着旋转中心径向飞出去。很可惜，这种观点是相当错误的！实际上，石头或人会沿着圆弧路径的切线方向飞出去。在《圣经·旧约》中，大卫用投石弹弓打中了歌利亚，其中最关键的一点是，他正确运用了物理学知识！

如果质量为 m 的物体沿着半径为 R 的圆弧路径以速度 v 运动，那么必然有一个持续的力使物体原本的直线路径弯曲成曲线路径。这个力来源于指

向圆心的向心加速度，它的值为

$$F = m\frac{v^2}{R}$$

根据牛顿第二运动定律，向心力 F（向心力的方向“朝向圆心”）的大小为

$$F = m\frac{v^2}{R}$$ ②

下面是对圆周运动中向心加速度的简单推演过程。

如图 5-1 所示，质量为 m 的物体以固定速度 v 沿着半径为 R 的圆周路径作圆周运动。这个物体的速度和所受的力一样是向量，其大小为 v，可称为速率（速率是标量）。尽管此时速率是一个固定的值，但速度的方向却不断改变。速度方向的改变是由一种力引起的。设时间 $t = 0$ 时，物体处于图 5-1 所示的点 A 的位置。一般情况下，我们会让点 A 处于坐标系的水平轴上。经过极短的时间后，物体运动到点 B。然而，如果没有力作用在该物体上，该物体将位于点 C——A 点上方垂直距离 v 处。但因为受到了力的作用，这

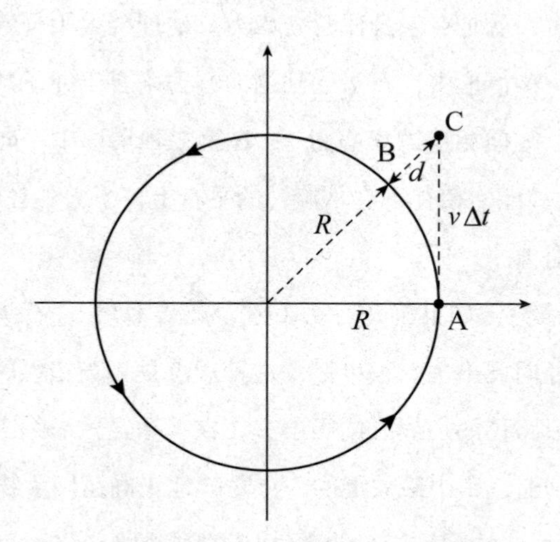

图 5-1　圆周运动中的向心力

个质量为 m 的物体并没有运动到点 C 上。这个使物体作圆周运动的力，就是我们要计算的力。

如图 5-1 所示，点 C 与点 B 的距离为 d，因此一定存在某种力，把物体向内“拉”了长度为 d 的距离，让该物体继续保持在圆周路径上。这个力带来了恒定加速度 a, 所以

$$d = \frac{1}{2}a(\Delta t)^2$$

由勾股定理可得

$$R^2 + (v\Delta t)^2 = (R + d)^2 = R^2 + 2Rd + d^2$$

或

$$v^2(\Delta t)^2 = (2R + d)d = \left[2R + \frac{1}{2}a(\Delta t)^2\right]\frac{1}{2}a(\Delta t)^2$$

等式两边消去 $(\Delta t)^2$，可得

$$v^2 = \left[2R + \frac{1}{2}a(\Delta t)^2\right]\frac{1}{2}a = Ra + \frac{1}{4}a(\Delta t)^2$$

令 $\Delta t \to 0$，则

$$v^2 = Ra$$

那么，向心加速度 a 为

$$a = \frac{v^2}{R}$$

将这个式子代入牛顿第二运动定律的表达式 $F = ma$ 中，就可以得到本章开始时讨论的向心力的方程了：

$$F = m\frac{v^2}{R}$$

魅力大比拼：太阳和月球，谁更吸引地球?

一个巨型球状对称体外的引力场与相应的质点产生的引力场是一样的，这是牛顿最伟大的成就之一。[3] 所以，当我们计算地球绕着太阳运行时的轨道问题时，可以把太阳和地球都当作质点，因为轨道是在太阳以外的远处（这当然很明显）。我们这里所说的“轨道”是指地球的球心绕着太阳运行的路径。也就是说，如果太阳和地球的质量分别为 M 和 m，那么根据牛顿著名的平方反比定律，作用在地球上的引力（向心力）为 $G\frac{Mm}{r^2}$ 。其中 r 为地球绕着太阳运行的轨道的半径（太阳中心到地球中心的距离），G 是万有引力常数。[4]

那么，太阳对地球的万有引力，和月球对地球的万有引力相比，哪个更大一点呢?

这个问题很有趣，我们可以应用牛顿的万有引力定律来解决。太阳的质量远远大于月球，可是太阳和地球之间的距离也远远超过月球和地球之间的距离。质量和距离这两个参数的作用是相反的，所以无法立刻弄清楚究竟是太阳还是月球对地球的引力更大。我们来算算吧！

- 太阳的质量 $= 2\times10^{30}$ 千克 $= M_s$
- 月球的质量 $= 7.35\times10^{22}$ 千克 $= M_m$
- 日地距离 $= 9.3\times10^{7}$ 英里 $= R_s$
- 月地距离 $= 2.39\times10^{5}$ 英里 $= R_m$

因此，太阳对地球的万有引力与月球对地球的万有引力之比为（由于在计算过程中我们可以将地球的质量抵消掉，所以不需要知道其质量）:

$$\frac{G\frac{M_s m}{R_s^2}}{G\frac{M_m m}{R_m^2}}=\frac{M_s}{M_m}\left(\frac{R_m}{R_s}\right)^2=\frac{2\times10^{30}}{7.35\times10^{22}}\left(\frac{2.39\times10^5}{93\times10^6}\right)^2=180$$

由此可知，太阳对地球的引力是月球对地球引力的180倍。

你也可以推导出开普勒第三定律！

现在，我们可以得到轨道物理学的一个基本结论——开普勒关于行星运动的第三定律。在牛顿诞生几十年前，德国天文学家约翰尼斯·开普勒（Johannes Kepler，1571—1630）经过对可见行星的长期观察，于 1619 年推断出了这个结论。

不过，有了牛顿的万有引力定律，我们只要惬意地坐在壁炉前，就可以轻而易举地推导出开普勒的结论了，根本不用长年累月地仰望星空。

假设质量为 m 的物体以固定距离 r 绕质量为 M 的物体旋转，速度为 v，那么根据牛顿的力学定律和向心加速度的相关表达，我们可以得到

$$G\frac{Mm}{r^2} = m\frac{v^2}{r}$$

所以

$$GM = v^2 r$$

因为

$$T = \frac{2\pi r}{v}$$

且

$$v = \frac{2\pi r}{T}$$

所以

$$GM = \frac{4\pi^2 r^2}{T^2} r = \frac{4\pi^2}{T^2} r^3$$

即

$$\frac{r^3}{T^2} = \frac{GM}{4\pi^2} = K(\text{给定的常数})$$ [⑤]

这就是开普勒提出的关于行星运动的第三定律。其中 M 为太阳的质量。请注意，这个方程中并没有出现绕着太阳运行的行星的质量 m，因此，对于

各个行星而言，这个常数不会改变。简而言之，围绕同一天体运行的行星所计算出来的 K 相等。

潮起潮落几时休

现在，我们来谈谈地球上的海洋潮汐问题。让我们忽略月球，把注意力放在地球的绕日运行上。如图 5-2 所示，我们把巨大的太阳画成图中心的一个点，而把相对小得多的地球画成了一个放大的圆形物体（这张图显然不合比例）。[6]

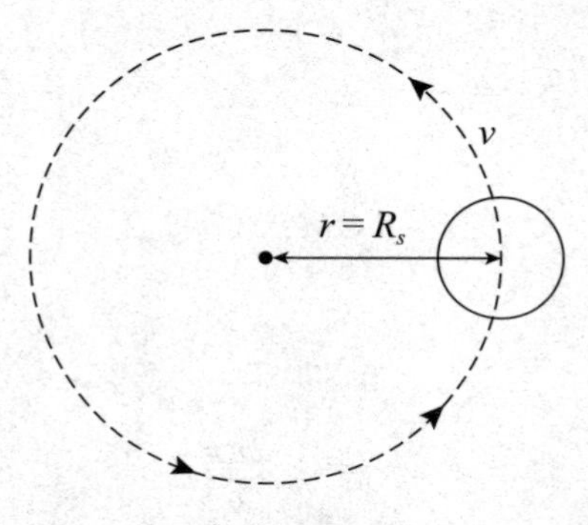

图 5-2　地球绕着太阳运行

假设地球表面全部都是水（实际上，地球表面大部分都是水）。地球中心距离太阳中心的距离为 R_s，这个值也是牛顿的万有引力定律中的 r。就像我们之前讨论开普勒的行星运动定律时已写出的速度公式

$$v = \frac{2\pi r}{T}$$

只需将 r 换为 R_s，就会得到地球绕着太阳运行的速率，为

$$v = \frac{2\pi R_s}{T}$$

当然，这不只是地球中心而是整个地球的绕行速率（这是事实，毕竟地球还没有分崩离析）。

那么，在地球靠近太阳的那一侧，地表的水面与太阳中心的距离不是 R_s，而是 $R_s - R$，其中 R 为地球的半径。因此，水面受到来自太阳的万有引力大于能使其以速率 v 绕着太阳运行所需的力。如此一来，这部分多出的力让水面形成了朝向太阳的隆起。很多人直观地发现了水面产生的明显隆起，但他们没有发现的是，在地球远离太阳的另一面，有一个与这样的隆起完全相反的另一个隆起。

其实，对于后一种隆起，解释也是相同的：向心力。因为，在地球远离太阳的那一侧，地表的水面与太阳中心的距离不是 R_s，而是 $R_s + R$，因此，地球远离太阳的那一侧的水面受到的来自太阳的万有引力小于能使其以速率 v 绕着太阳运行所需的力，这个减少部分的力让水面形成了远离太阳的隆起。

这两个隆起位于日心和地心的连线上，但因为地球的公转轴与公转平面有 23° 的倾斜角，所以两个隆起在地球上的位置常会发生变化（更准确地说，每经过 24 小时，地球在两个隆起间旋转一次）。每隔 12 小时，我们能看见其中一个隆起，并把它叫作“太阳潮”。与此同时，由于地球和月球也在绕着对方旋转（绕着地月体系的质量中心[⑦]），因此也会产生“太阴潮”。

心动大比拼：太阳潮和太阴潮，哪个更剧烈？

我们来回顾一下，在上文的计算中，我们得知，太阳对地球的引力是月球对地球引力的 180 倍。这可能会让你想当然地认为，与太阳潮相比，太阴潮简直微不足道。但事实并非如此！刚好相反，太阴潮比太阳潮大！为什么呢？

因为和月球相比，太阳距离地球要远得多。前面我们已经说过，地球近日侧和远日侧受到的万有引力与地球中心所受到的万有引力有差异，从而形成了潮汐。对太阳而言，这种差异要小于月球。为什么呢？我们来算算。

• 地球近日侧受到的来自太阳的万有引力 $= G\dfrac{M_S m}{(R_S - R)^2}$

• 地球远日侧受到的来自太阳的万有引力 $= G\dfrac{M_S m}{(R_S + R)^2}$

因此，地球直径的两端所受到的来自太阳的万有引力之差为

$$G\frac{M_s m}{(R_s - R)^2} - G\frac{M_s m}{(R_s + R)^2} = GM_s m\left[\frac{1}{(R_s - R)^2} - \frac{1}{(R_s + R)^2}\right]$$

可以简化为（因为 $R_s \gg R$）

$$4GM_s m\frac{R}{R_s^3}$$

请注意，这个结果说明，地球直径的两端所受到的来自太阳的万有引力之差与距离的立方成反比。同样地，我们可以得出地球近月侧和远月侧受到的来自月球的万有引力之差为

$$4GM_m m\frac{R}{R_m^3}$$

因此

$$\begin{aligned}
&\frac{\text{月球引起的地球近月侧与远月侧的引力差异}}{\text{太阳引起的地球近日侧与远日侧的引力差异}} \\
&= \frac{M_m}{M_s}\left(\frac{R_s}{R_m}\right)^3 \\
&= \frac{7.35\times 10^{22}}{2\times 10^{30}}\left(\frac{93\times 10^6}{2.39\times 10^5}\right)^3 \\
&= 2.16
\end{aligned}$$

所以，尽管太阳比月球大得多，但太阴潮是太阳潮的两倍多！太阳在大小上的优势被过远的日地距离抵消了。地球直径的两端与太阳的距离分别为 9 300 万英里加与减 4 000 英里，9 300 万是一个极大的基数，因而，加或减 4 000 英里几乎不会改变太阳的引力。

除了地球上的海洋潮汐，在其他行星上，由于行星不同侧受到的引力差异引起的潮汐力也造成了重大影响。土星美丽的光环就源于这种潮汐力（至少被认为是）。人们认为，很久以前土星有一颗卫星，但它离土星过近，因

而受到的潮汐力过大，以致其分崩离析，崩裂产生的大量碎片形成了我们今天所见的美丽的土星光环。[⑧]

太阴潮不止一种

最后，我想补充一点：事实上有两种太阴潮，它们是地月系统不同运动的结果。如果地球和月球在太空里固定不动，地球仅绕着自己的自转轴旋转，那么地球上每24小时就有一个满潮，该满潮刚好位于月球的正下方。但是，地球还会绕着地月质量中心运动，因而引起了地球远侧的第二种太阴潮。

中国古代作家认为海洋是地球的血液，潮汐是地球的脉搏跳动，而潮汐是由地球呼吸引起的。在同样古老的关于盖亚的神话传说中，地球被认为是一个巨大生命体，这种传说也颇为浪漫。这个话题挺有趣的，不过，本书是物理书，而不是诗集，所以，我得再说一遍：潮汐的成因是万有引力。

注释

① 因为大卫懂向心加速度，所以杀死了巨人歌利亚。

② 为了区别力的大小和力的向量，教科书作者用了多种排版格式，例如，用 F 表示力的向量，用 F 表示力的大小（即 $F = |\vec{F}|$），或者用黑体表示向量，那么力的大小 $\vec{F}$ 与其向量的关系就是 $F = |\mathbf{F}|$。

③ 这是牛顿在 1687 年出版的《原理》一书中的两个超级定律之一（另一个是作用在物质均匀分布的中空球状壳体内的任一质点上的引力，不管质点位于壳体内哪个位置，引力都为零）。在我的《帕金斯夫人的电热毯》（普林斯顿大学出版社，2009 年，第 150 — 152 页）一书中，你可以找到以现代微积分推演这两个超级定理的过程（牛顿当时使用的是非常复杂的几何方法）。

④《帕金斯夫人的电热毯》（第 136 — 140 页）提到了万有引力常数 G 和著名的卡文迪许实验的联系（由于该实验太过精密，直到牛顿去世 71 年后的 1798 年才成功进行）。G 的值为 $6.67 \times 10^{-11}\ \frac{m^3}{kg \cdot s^2}$。截至本书出版时，为人熟知的 G 的值仍然只有 3 个有效数字，远远少于我们所知的大多数其他物理学常数。请参考本书第 22 章末的内容，以及克莱夫·斯皮克和特里·奎因合著的论文《寻找牛顿常数》（*The Search for Newton's Constant*），发表于《今日物理》2014 年 7 月刊第 27 — 33 页。

⑤ 地球距太阳的距离为 93 000 000 英里，地球公转周期为 365 天，所以地球绕太阳运行的速度略大于 18 英里 / 秒。

⑥ 严格来说，只有当 $M \gg m$ 时才成立，太阳系就是一个很好的例子。读者可在《帕金斯夫人的电热毯》（第 170 — 185 页）中阅读开普勒定律的相关解析（包括第三定律中的常数与 m 无关的推导过程）。

⑦ 因为地球比月球大得多，两者构成的体系的质量中心实际上位于地表以下 1 000 多英里处。如需了解详情，请阅读《帕金斯夫人的电热毯》（普林斯顿大学出版社，2009 年）第 175 — 178 页。

⑧ 1996 年，拉里 · 尼文（Larry Niven）发表了其经典的科幻小说《中子星》

（*Neutron Star*），这篇小说就是根据大质量物体作用于距离很近的“小”物体上的潮汐力写成的（故事中的“小”指的是一位太空旅行者头和脚之间的距离）。这样的力产生的结果相当恐怖，足以抵得上中世纪的刑具。

第6章

水的能量

潮汐的能量不断以十亿数量级的马力被消耗！[①]

——爱德华·P. 克兰西（Edward P. Clancy）

通过第3章的内容，我们知道流动的空气（风）会产生大量的能量。那么，流动的水呢？比如说，海洋潮汐的能量，是多还是少呢？答案是：非常多（克兰西低估了）！而且，我们只需利用简单的物理学知识，就可算出海洋潮汐的能量。

潮汐的形成主要是由于月球（太阳的作用相对较小）和地球之间的万有引力产生的，这一点我们已在上一章讨论过了。我们已经知道了引力和向心加速度是怎样形成两个潮汐隆起的：一个在月球的正下方，另一个在地球远离月球的那一侧，刚好是第一个隆起的对侧。由于地球绕着地轴旋转，两个潮汐隆起的位置在地球表面也会不断发生变化。每隔12小时，我们就能看到一次"满潮"。

不过，关于潮汐，还有一些问题第5章中并没有提到，我们现在来做进一步的探讨。

如果不存在摩擦力，这两个隆起与地球和月球的中心连线会在一条直线上（如图6-1所示），但是，正因为摩擦力的存在，情况会出现偏差（如

图 6-2 所示）。引起这一偏差的原因是由于地球固体表面的弹性和液体表面的流动性并不处于理想的状态。由于摩擦力的存在，地球表面无法立即对各种力作出反应，因而地球的转动就把潮汐隆起带着向前了。

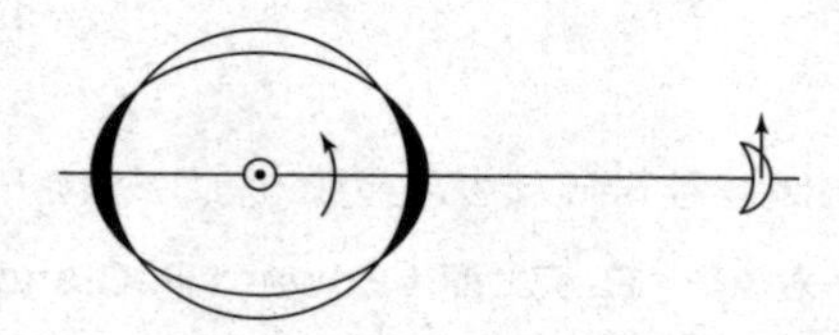

图 6-1 没有摩擦力情况下的潮汐隆起

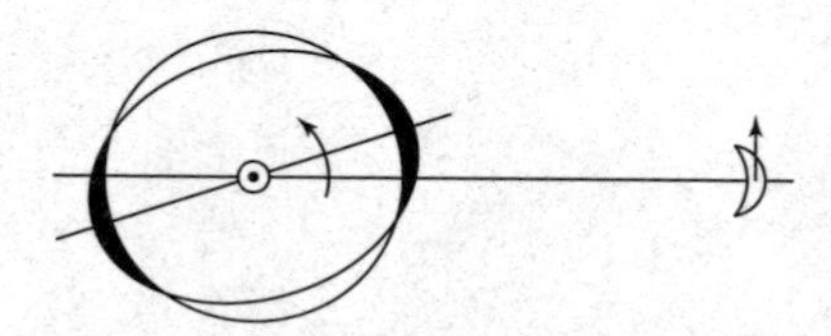

图 6-2 有摩擦力情况下的潮汐隆起

恺撒被暗杀的那天比昨天短 40 毫秒！

月球作用于两个潮汐隆起的引力会产生旋转力矩，这两个旋转力矩完全相同[②]。月球作用于地球水面远侧隆起的引力会增加地球的旋转速度，但其作用于地球水面近侧隆起的引力更大，而后者会减小地球的旋转速度。因此，最终的结果是，地球的旋转速度减缓了（即地球上一天的长度在不断增加）。但这种减缓发生得极其缓慢。原子钟显示，地球上一天的长度正在以每 100 年 2 毫秒的速度增加。也就是说，100 年以前一天的长度要比昨天少 0.002 秒，200 年前一天的长度则比昨天少 0.004 秒，以此类推。

通过海洋生物学，人们也可以得到远古时代一天的长度。珊瑚礁骨骼结构的生长对一天和季节的长度变化十分敏感，因而，通过研究泥盆纪中期（3.75 亿年前）珊瑚礁骨骼结构的化石图案，人们知道，当时的一年大约有 400 天。由于地球的公转，一年的长度是不变的，所以，泥盆纪中期一天的

长度应该是 $\frac{365}{400}$（24）小时 = 21.9 小时。因此，3 750 000 世纪前，一天的长度要比现在短 2.1 小时。即每经过一个世纪，一天的长度会增加

$$\frac{2.1\times 3\ 600}{3\ 750\ 000}\text{秒}=0.002\text{秒}$$

你可能会觉得，一天的时间一个世纪才增加 2×10^{-3} 秒，这无关紧要，但你必须理解，这是一个累积效应。例如，假设这个增长率在过去 2 000 年（20 个世纪）里一直在起发挥着作用，那么，尤利乌斯·恺撒被暗杀的那天（公元前 44 年）与昨天相比，要短 $2\times 10^{-3}\times 20$=40 毫秒。因为这一结果反映的是过去每天日长的减少值，那么在过去 2 000 年中，平均每一天的日长变化为 20×10^{-3} 秒。所以，发生在 2 000 年前的事件的累计时间偏移为

$$20\times 10^{-3}\frac{\text{秒}}{\text{天}}\times 2\ 000\text{年}\times 365\frac{\text{天}}{\text{年}}=14\ 600\text{秒}$$

即 4 小时！[③]

要在 2 000 年的时间内，使地球产生 4 个小时的时间差，需要极其巨大的能量！有没有办法把这个能量计算出来呢？我们来试试。

先来算算地球的旋转动能

我们首先来探讨怎样计算出地球的旋转动能。[④]

如图 6-3 所示，假设一个质量为 M、体积为 V 的三维物体以恒定角速度

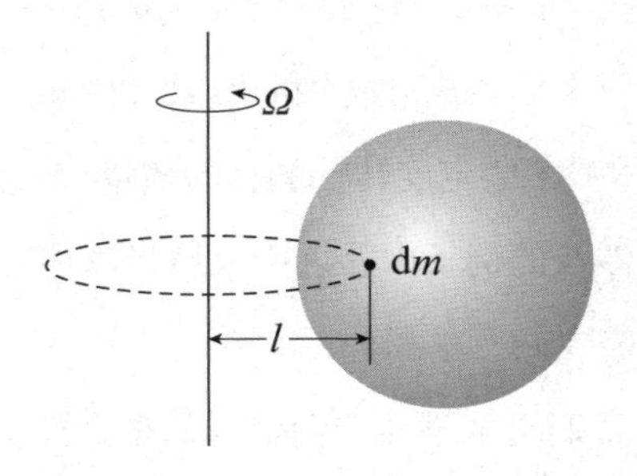

图 6-3　由微分质量元素 dm 形成的旋转物体

沿某一轴旋转，旋转时的角速度为 Ω 弧度 / 秒，也就是说，如果完整旋转一周所需的时间为 T（秒），那么

$$\Omega T = 2\pi$$

我们可将这个质量为 M 的物体看作是由微分质点 dm 构成的，每一个微分质点和旋转轴的距离各不相同，我们将其记为 l。由于旋转，每个微分质点都在跟着转动，所以每个质点都有一个微分动能 dE，可记为

$$\mathrm{d}E = \frac{1}{2}(\mathrm{d}m)v^2$$

其中每个质点的旋转速度为

$$v = \Omega l$$

所以

$$\mathrm{d}E = \frac{1}{2}\Omega^2 l^2 \mathrm{d}m$$

我们对整个物体的整个空间范围做积分 dE，就可以得到该物体对于给定轴的总的旋转动能

$$E = \iiint_V \mathrm{d}E = \frac{1}{2}\Omega^2 \iiint_V l^2 \mathrm{d}m = \frac{1}{2}\Omega^2 I$$

由于 Ω 是固定的，所以可以把 Ω^2 移到三重积分式之外，但是 l^2 必须要留在积分式内，因为每个质点离旋转轴的距离大体而言总是不同的。最右侧的三重积分 I 是该物体关于给定旋转轴的转动惯量。三重积分，很恐怖，是不？哦，请注意，在本书涉及的例子中，这个大质量物体有着良好的对称性，所以实际上，我们并不需要做三重积分。

对于这种计算，我们再来举一个简单的例子。如图 6-4 所示，一个正圆柱体半径为 R，高为 h，密度恒定为 ρ 正以其长轴（y 轴）作为旋转轴旋转。

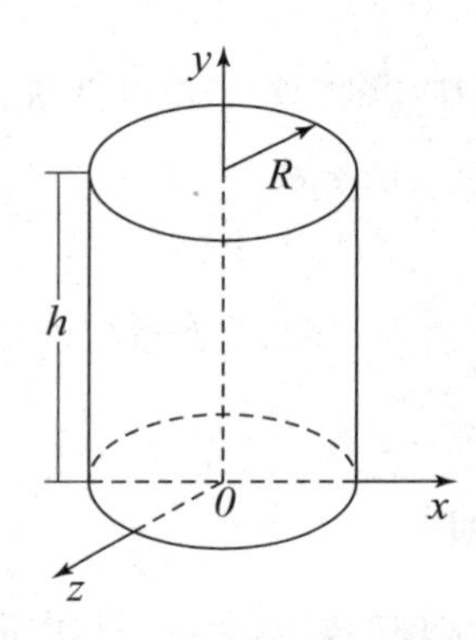

图 6-4　一个绕 y 轴旋转的实心圆柱体

假设这个圆柱体由多层半径为 $0 \le x \le R$ 厚度为 dx 的圆柱形壳构成。也就是说，这个圆柱体由多个中空壳结构构成，每层壳内侧的半径为 x，外侧的半径为 x+dx。那么，这个实心圆柱体的微分质点 dm 就是一层壳的质量，可记为 $dm = \rho 2\pi xh dx$ 每一层壳关于 y 轴的微分转动惯量为

$$dI_{球壳} = x^2(\rho 2\pi xh dx) = \rho 2\pi hx^3 dx$$

由于等式右边有 dx，所以我们必须将左边写成微分式。

要计算一个实心圆柱体的转动惯量，我们可以把这个实心圆柱体看作一个由无数层半径不断增大的薄壁圆柱形壳组成。因而在数学上，我们可以令 $dI_{球壳}$关于 x 积分，x 的范围为 0 到 R。因此，

$$I_{实心体} = \int_0^R dI_{球壳} = \int_0^R \rho 2\pi hx^3 dx = \rho 2\pi h\left(\frac{x^4}{4}\right)\Big|_0^R = \frac{\rho\pi h}{2}R^4$$

实心圆柱体的总质量为

$$M_{实心体} = \pi R^2 \rho h$$

因此

$$I_{实心体} = \frac{1}{2}M_{实心体}R^2$$

那么，对于一个绕其长轴旋转、半径为 R 的薄壁圆柱形壳而言，其所有质点与轴的距离均相等，因此可得

$$I_{球壳} = M_{球壳}R^2$$

再来算算地球的转动惯量

现在，我们来计算地球的转动惯量。我们需要面对三重积分的 $\iiint_V l^2 \mathrm{d}m$ 的值，此时的旋转轴就是实心球的直径。在大多数大学一年级的高等数学教材上，你可以看到教材直接抛出球体微积分的算法，那可是相当粗暴。但在这里，我将呈现给你一种巧妙的方法，这种方法只需两步，就可算出实心球体的转动惯量：首先，我们要对一个薄面中空球体的球壳的三重积分（可以简化，不必真的计算出）；然后，再把这个计算结果应用到实心球体的计算中。

步骤 1：首先，我们设一个空心球体薄壁壳的半径为 a，厚度为 $\mathrm{d}a$，质量密度恒定为 ρ，我们来对整个球体表面做微分

$$\mathrm{d}m = \rho\,\mathrm{d}S\,\mathrm{d}a$$

其中 $\mathrm{d}S$ 是该球体表面的微分面积。也就是说，如果我们对整个球体求 $\mathrm{d}S$ 的积分，就能得到球壳的总表面积

$$\iint_S \mathrm{d}S = S = 4\pi a^2$$

设该球体绕 x 轴旋转，则每个质点 $\mathrm{d}m$ 与旋转轴之间的距离只与其 y、z 坐标有关。又因为在球壳表面，$x^2 + y^2 + z^2 = a^2$，所以一旦给定 y 和 z 的值，x 的值也就确定了。也就是说

$$l^2 = y^2 + z^2$$

因为球壳的总质量位于球体的表面，而不在其内部（中空球体），所以，

这个三重积分式可以简化为关于表面的二重积分，可得

$$\mathrm{d}I_x = \iint_S \left(y^2 + z^2\right) \rho\, \mathrm{d}S\, \mathrm{d}a = \rho\, \mathrm{d}a \iint_S \left(y^2 + z^2\right) \mathrm{d}S$$

同样，如果旋转轴是 y 轴，则

$$l^2 = x^2 + z^2$$

如果旋转轴是 z 轴，当然

$$l^2 = x^2 + y^2$$

所以

$$\mathrm{d}I_y = \rho\, \mathrm{d}a \iint_S \left(x^2 + z^2\right) \mathrm{d}S$$

$$\mathrm{d}I_z = \rho\, \mathrm{d}a \iint_S \left(x^2 + y^2\right) \mathrm{d}S$$

现在，我在上文中承诺过你的“巧妙”之处来了：由于球体的对称性，可知

$$\mathrm{d}I_x = \mathrm{d}I_y = \mathrm{d}I_z = \mathrm{d}I_{\text{球壳}}$$

显然，一旦指出这一点，我们的计算将变得相当容易。结合上文，可得

$$\mathrm{d}I_x + \mathrm{d}I_y + \mathrm{d}I_z = 3\mathrm{d}I_{\text{球壳}} = \rho\, \mathrm{d}a \iint_S \left(y^2 + z^2\right) \mathrm{d}S + \rho\, \mathrm{d}a \iint_S \left(x^2 + z^2\right) \mathrm{d}S$$
$$+ \rho\, \mathrm{d}a \iint_S \left(x^2 + y^2\right) \mathrm{d}S = 2\rho\, \mathrm{d}a \iint_S \left(x^2 + y^2 + z^2\right) \mathrm{d}S$$

由上文所述，对于球壳表面（所有质量集中在球壳表面），我们有

$$x^2 + y^2 + z^2 = a^2$$

所以

$$\begin{aligned} 3\mathrm{d}I_{\text{球壳}} &= 2\rho\,\mathrm{d}a\iint_S a^2\mathrm{d}S = 2\rho a^2\mathrm{d}a\iint_S \mathrm{d}S \\ &= 2\rho a^2\mathrm{d}a\left(4\pi a^2\right) = 8\pi\rho a^4\mathrm{d}a \end{aligned}$$

因此，半径为 a、壳厚为 $\mathrm{d}a$、以任意直径作为旋转轴的球壳的微分转动惯量是

$$\mathrm{d}I_{\text{球壳}} = \frac{8}{3}\pi\rho a^4\mathrm{d}a$$

步骤 2： 为了计算半径为 R 的实心球体的转动惯量，我们可以把这个实心球体当作一个洋葱，即由无数层半径不断增加的球壳构成。从数学上来说，这就是对 $0 \le a \le R$ 的所有球壳积分。因此，对一个质量密度固定为 ρ 的实心球体而言，

$$I_{\text{实心球}} = \int_0^R \mathrm{d}I_{\text{球壳}} = \frac{8}{3}\pi\rho\int_0^R a^4\mathrm{d}a = \frac{8}{3}\pi\rho\left(\frac{a^5}{5}\right)\Big|_0^R = \frac{8\pi R^5}{15}\rho$$

实心球体的质量为

$$M_{\text{实心球}} = \frac{4}{3}\pi R^3\rho$$

因此，对于这个密度固定的球体

$$I_{\text{实心球}} = \frac{2}{5}M_{\text{实心球}}R^2 = 0.4M_{\text{实心球}}R^2$$

然而，地球并不是一个密度固定的球体，其中心区域的密度要远大于靠近地球表面区域的密度。[5] 因此，在地球转动惯量的表达式中，我们会加入一个小于 0.4 的系数[6]，如下：

$$I_{\text{地球}} = 0.3444M_{\text{实心球}}R^2_{\text{地球}}$$

最后算算地球上海洋潮汐的功率

一切准备就绪啦！现在，我们可以着手计算海洋潮汐的功率了（从现在开始，对相关的物理量不再使用“地球”下标了）。

地球的旋转动能为

$$E=\frac{1}{2}\Omega^2 I$$

其中

$$\Omega=\frac{2\pi}{T}$$

其中 T 是地球自转一周的时间（即一天的长度），所以

$$E=\frac{1}{2}\frac{4\pi^2}{T^2}(0.3444)MR^2=0.6888M\frac{\pi^2R^2}{T^2}=\frac{C}{T^2}$$

请注意，E 的计算结果的单位应当是 $\frac{\text{千克}\cdot\text{米}^2}{\text{秒}^2}$（我已经介绍过常数 $C=0.6888M\pi^2R^2$，其单位为千克·米^2）。你可以检查一下各项的单体是否属于同一体系，以确保所得的结果为正确的能量单位。我们来回顾一下，能量是力和距离的乘积（参考第 3 章注释②），力是质量和加速度的乘积，因此，能量的单位是质量、加速度和距离的乘积

$$\text{千克}\times\frac{\text{米}}{\text{秒}^2}\times\text{米}=\frac{\text{千克}\cdot\text{米}^2}{\text{秒}^2}$$

我们之前提到过，能量的单位是焦耳（参考第 3 章注释④），而

$$1\text{焦耳}=1\frac{\text{千克}\cdot\text{米}^2}{\text{秒}^2}$$

设 $E+\Delta E$ 是为地球的旋转动能，那么当地球旋转一周所需的时间从 T 增加到 $T+\Delta T$ 时

$$E+\Delta E=\frac{C}{(T+\Delta T)^2}$$

所以

$$\begin{aligned}\Delta E &= \frac{C}{(T+\Delta T)^2} - E = \frac{C}{(T+\Delta T)^2} - \frac{C}{T^2} \\ &= C\left[\frac{1}{(T+\Delta T)^2} - \frac{1}{T^2}\right] \\ &= C\left[\frac{T^2-(T+\Delta T)^2}{T^2(T+\Delta T)^2}\right] = C\frac{T^2-T^2-2T\Delta T-(\Delta T)^2}{T^2\left[T^2+2T\Delta T+(\Delta T)^2\right]}\end{aligned}$$

或者，假设 $T \gg \Delta T$，则

$$\Delta E \approx -C\frac{2T\Delta T}{T^4} = -2C\frac{\Delta T}{T^3}$$

设 $T = 86\,400$ 秒，$\Delta T = 20 \times 10^{-3}$ 秒（ΔT 因此要我们之前要假设 $T \gg \Delta T$），得到

$$\Delta E \approx -2(0.6888)M\pi^2R^2\frac{2\times 10^{-3}}{(8.64\times 10^4)^3}$$

将地球质量 $M = 5.98 \times 10^{24}$ 千克，地球半径 $R = 6.38 \times 10^6$ 米代入，那么，100 年（用 100 年是因为 100 年的 $\Delta T = 2$ 毫秒）里地球转动动能的变化为

$$\begin{aligned}\Delta E &\approx -2(0.6888)\left(5.98\times \text{千克}\right)\pi^2 \\ &\quad \times \left(6.38\times 10^6\text{米}\right)^2\frac{2\times 10^{-3}\text{秒}}{\left(8.64\times 10^4\text{秒}\right)^3} \\ &= 10.26\times 10^{21}\text{焦耳}\end{aligned}$$

用 100 年的总时长（3.15×10^9 秒）除以这一能量后，得到的功率为 3 260 吉瓦。因为 1 马力 = 746 瓦特，所以海洋潮汐的功率为

$$\frac{3\ 260\times 10^9}{746}\text{马力} = 4.37\text{亿马力}$$

这是一个非常庞大的数字！因而毫不奇怪，在很久以前，人们就试图将其中一部分能量利用起来。

诱人的废船发电计划

有个想法挺有趣的，乍一看也相当不错（但实际上并非如此）：

> 几年前，我曾看到过一个这样的提议：废旧船只随着潮汐涨落可提供有用的功率。考虑到一艘巨轮的庞大重量，我们可能会一时动摇，认为这是可行的。但是，经过数据计算后，很快就会发现，这是无用功。潮汐需要经过大约6小时，才能从最低水位涨至最高水位，落潮时也是如此。假设一艘排水量为1 000吨的废旧轮船随着潮汐水位上升了10英尺，那么我们很容易就能算出，这一过程仅产生20马力的功率。……我得高兴地说，在得知该项目相对渺茫的实用价值后，相关负责人放弃了这一计划。⑦

实际上，“仅产生20马力”也是高估了。因为，要将10 000吨（20 000 000磅）重的物体升高（或降低）10英尺，需要200 000 000英尺·磅的能量，而这一能量经过6小时（21 600秒）才能得到，所以功率为

$$\frac{200\,000\,000\text{英尺·磅}}{21\,600\text{秒}} = 9\,259\frac{\text{英尺·磅}}{\text{秒}},$$

因为1马力 = 550 $\frac{\text{英尺·磅}}{\text{秒}}$，所以功率水平为

$$\frac{9\,259}{550}\text{马力} = 16.8\text{马力}。$$

这个数值更加有力地论证了乔治·达尔文的观点。

关于旋转物理学，本章就讨论到这里，读者可以回过头去，仔细体味一下我们的整个讨论过程。到第10章时，我们还会再次回到这个话题上，做一些拓展讨论，解答本书前面留下来的其他有趣的物理学问题（比如，月球为什么在远离地球？烟囱在倒塌过程中是怎样变得弯曲的？圆柱体从斜面上滚落下来的速度有多快？）。

注释

① 出自《潮汐：地球的脉搏》(*The Tides: Pulse of the Earth*)。

② 月球引力作用于潮汐隆起而引起的地球力矩，等于力与力臂的乘积。(试想一下你在厨房水槽底下用扳手拧螺母时的力矩！在英制单位系统中，力矩的单位是英尺·磅，而在公制单位系统中，力矩的单位是牛顿·米。尽管力矩和能量的单位相同，但它们却是全然不同的两个概念。)在地—月力矩系统中的力是潮汐隆起上引力的分量，这一力的分量垂直于地球中心与潮汐隆起的连线，而这个力矩的力臂就是那条连线(其长度当然就是地球的半径)。

③ 早期(原子钟出现以前)研究者试图用这一想法的反面来确定地球旋转的减缓速度，即先在日长恒定的假设下，由牛顿引力理论预测出一天的时间，再通过古人对日食的记录算出当时一天的长度，然后将两者进行对比。这种尝试并没有成功。请参考沃尔特·H. 蒙克(Walter H. Munk)和戈登·J.F. 麦克唐纳德(Gordon J. F. MacDonald)合著的《地球的旋转》(*The Rotation of the Earth*)，剑桥大学出版社，1960 年，第 186—191 页。

④ 由于地球绕日公转，所以有平动动能，但即使地球不再绕日公转，也依旧会有转动动能，因为地球一直在绕极轴旋转。这两种动能之和就是地球总的动能。

⑤ 如想了解地球的球体内部密度不同的详细情况，请参考《帕金斯夫人的电热毯》，普林斯顿大学出版社，2009 年，第 191—200 页。地球中心区域的密度大约是水的 13 倍，近地表地区的密度仅为水的 3 倍。

⑥ 因为与密度恒定的球体相比，地球质量的较大部分都集中在近旋转轴的区域，所以系数小于 0.4。

⑦ 乔治·达尔文的《潮汐》(*The Tides*)(第 73—74 页)，1898 年初版，1962 年由 W.H. 弗里曼出版公司再版。在下面这句话中，达尔文有一种一本正经的幽默感："发明家因为计划的不够实用而止步不前，这我还是头一次听到。"事实上，达尔文并不热衷于开发潮汐的能量，而更青睐于开发河流的能量。

第7章

优雅的向量

超光速旅行是不可能的，而且人们也不想要。

因为那样的话，帽子会不断地被风吹掉。

——伍迪·艾伦（Woody Allen）

在我和妻子经常去的那家购物广场，当我们在大型地面停车场停好车，要穿过停车场走向商场时，经常会吹来一阵稳定的强风。通往商场可以选择不同的路线，而我更愿意选择当天的风以接近直角（从左往右）吹来的那条路线。因为只有这样，我的头发才能保持服帖，而不是被吹得乱七八糟。我希望自己在商场内的美食街（就是我写作这一章的地方）保持优雅的形象，正是这一点促使我写下下面关于向量物理学的小且简单的问题。[①]

如何在风中保持发型

考虑到我一开始是顺风行走的，那么我应该转身多少度，才能让风以直角吹向我走的路？（可能）令许多人惊讶的是，答案不是90°。

设 $\vec{v}$ 为我相对于停车场地面的行走速度向量（我称之为地面速度），$\vec{w}$ 为（也是相对于地面）风的速度向量，那么，我的行走速度向量相对于风是 $\vec{v}'$，即

$$\vec{v}' = \vec{v} - \vec{w}$$

这个式子在物理意义上可以立即分为两种特殊情况:(1)我顺着风行走，$\vec{v}$ 和 $\vec{w}$ 是平行的（所以 $v' = v - w$）②；(2)我逆着风行走，$\vec{v}$ 和 $\vec{w}$ 是反向平行的（所以 $v' = v + w$）。

可以用一个简单的向量式表示我在风中行走的其他可能性。那么，重写向量式，可得

$$\vec{v} = \vec{v}' + \vec{w}$$

如果我相对于风的速度为 $\vec{v}'$，那么 $-\vec{v}'$ 就是风相对于我的速度，也就是我在穿过停车场时头发所感受到的速度。

在图 7-1 中，我所画的向量 $\vec{w}$ 方向垂直向下，这么做的原因是因为风的方向 w 是一个数值给定的固定向量，我们可以把它的方向定作是向下的（当然，你可以把 $\vec{w}$ 画成任何方向，之后再把纸转过来，使指向下方即可）。

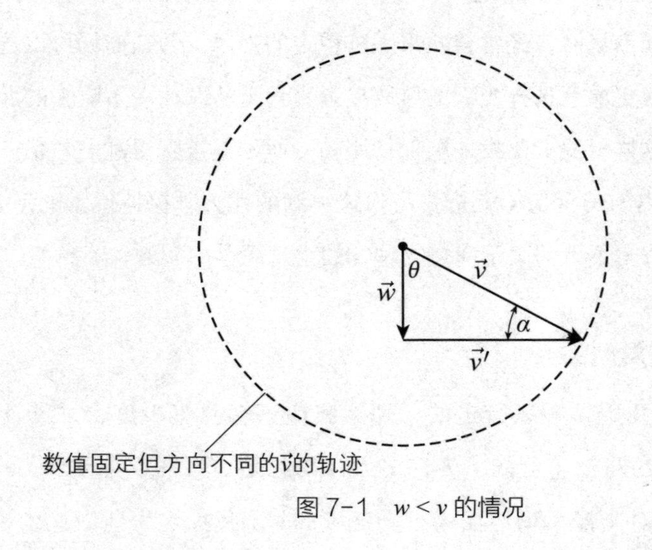

图 7-1 $w < v$ 的情况

向量 $\vec{v}'$ 与 $\vec{w}$ 相加，可以得到 $\vec{v}$。记住，$\vec{w}$ 是一个给定的向量，而 $\vec{v}$ 却可以由自己选择。一旦我们选择了去往商场的速度（速率和方向）$\vec{v}$，$\vec{v}$ 就和

给定的 $\vec{w}$ 一起决定了 $\vec{v}'$。因此，我们可以选择 $\vec{v}$，从而使 $\vec{v}'$（实际上是 $-\vec{v}'$）与 $\vec{v}$ 垂直（以使 $\alpha = 90°$ ）。

在图 7-1 中，在 $w < v$（即风速比我慢）的情况下，你可以发现，让 $\vec{v}$ 旋转一整圈（大小固定，方向变化），也不会出现 $\vec{v}$ 和 $\vec{v}'$ 垂直的情况（即找不到一个符合愿望的转身角度 θ）！显然，我无法对这个推理结果表示满意。毕竟，这阵风是非常强劲的。

所以，如图 7-2 所示，情况发生了变化。当我们假设 $w > v$（风速比我走得快）时，我完全有可能找到一个 θ，从而使得 $\alpha= 90°$ 。因为 α 使该三角形成为直角三角形，所以可以很快得到

$$\frac{v}{w} = \cos(\theta)$$

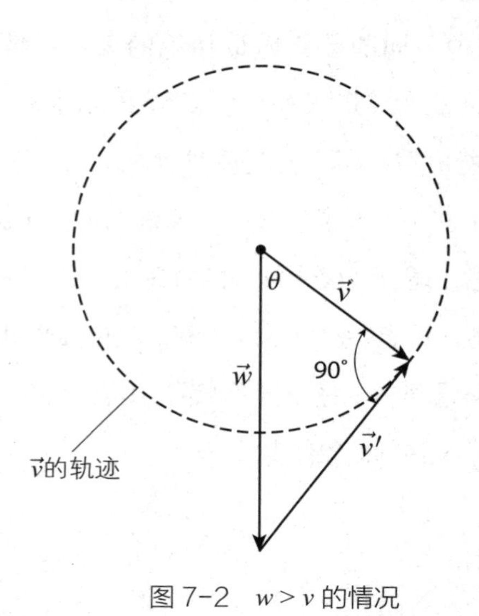

图 7-2　$w > v$ 的情况

因此，从顺着风行走到相对风向成直角行走时，我需要转身的角度为

$$\theta = \cos^{-1}\left(\frac{v}{w}\right)$$

例如，当我以 2mph 的速度走在风速为 5mph 的风中，我转身后行走的路线与风向的角度应该为

$$\cos^{-1}\left(\frac{2}{5}\right) = 66.4^{\circ}$$

本章彩蛋：一则好笑指数超过 10 分的笑话

这个问题很好地说明了向量在数学物理学中的重要作用，不过，我打算以比较轻松的方式来结束本章。下面是一个“向量笑话”，供读者一乐。

一只蚊子和一名登山者相乘（或杂交），会得到什么？生物学家会确定无疑地回答：“什么也不会得到！因为这是不可能的！”但对于一个纯粹的数学家来说，他不单会给出否定的答案，而且会为他的否定答案做出证明。那么，他到底是怎样证明的？

向量数学中有两种不同的计算向量相乘的方法：数量积（即点积，所得结果为标量）和向量积（即叉积，所得结果为向量）。这两种类型的算法在物理学中都有所应用，但无论是哪种算法，都是针对两个向量的。

请注意，重点来了：“1 只蚊子”是一个疾病向量（英语中“vector”一词即有“向量”的意思，还有“媒介物”的意思），“1 名登山者”只是一个标量（不是疾病媒介物，只能惨遭蚊子的传染，我仿佛听见了呻吟声……），所以，你无法让一个向量和一个标量简单相乘。（假设非常可笑的双关语俏皮话的指数为 10，这个笑话的好笑指数是 11。）

注释

① 如果想要阅读不那么以自我为中心的解释方法，可参考 R.L. 阿姆斯特朗（R. L. Armstrong）的《相对速度与跑步者》（*Relative Velocities and the Runner*），发表于《美国物理学杂志》1978 年 9 月刊第 950—951 页。

② 在热气球提篮里的乘客顺着风向以风速向前运动，即 $v = w$，所以 $v' = 0$。因此，提篮里的人（在地面观察者看来风力很大）一点也感觉不到风。

第 8 章

电，灯泡

我打赌，在发明灯泡之前，爱因斯坦一定把自己变成了各种颜色。

——荷马 · 辛普森[1]（Homer Simpson）

在这一章里，你将学到怎样用简单的代数知识和电阻电路物理知识（欧姆定律和基尔霍夫定律[2]）解决如下及类似问题。

简单但容易犯错的灯泡亮度问题

在图 8-1 和 8-2 中，分别有一个电路，每个电路中都包含理想电池[3]、白炽灯泡和开关。两个电路中的电池电压相同、灯泡相同（尤其要说明的是，灯泡的灯丝电阻相同）。我们将描述从断开开关（如图所示）到闭合开关的过程中两个电路中灯泡亮度的变化。此外，对于图 8-1 中的电路，我们还将讨论如果将最右侧的电池反向放置，即电池的正负极与原来相反，那么在开关从断开到闭合过程中灯泡的亮度又会如何变化。

对于图 8-1 中的电路，当开关断开后，显然，流经两个灯泡的电流相等，均为 $\frac{V}{R}$。其中 R 为每个灯泡灯丝的阻值，因此两个灯泡的亮度相同。在开关闭合时，两个灯泡可以由相等阻值的电阻 R 替代，该电路因而也可以用图 8-3 的电路来表示。

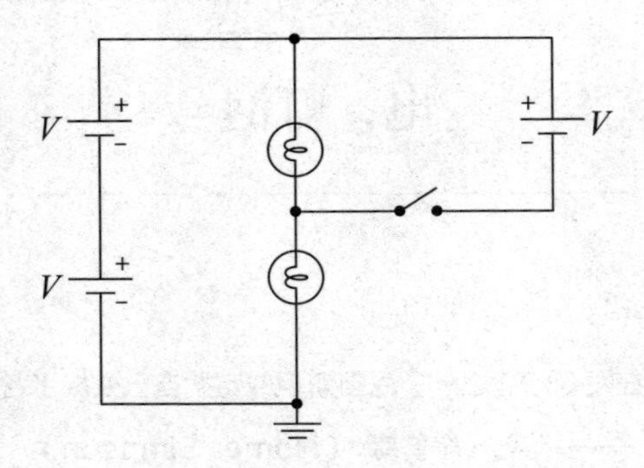

图 8-1 开关闭合后，每个灯泡的亮度如何变化？
将最右侧的电池的正负极反向放置后，灯泡的亮度又将如何变化？

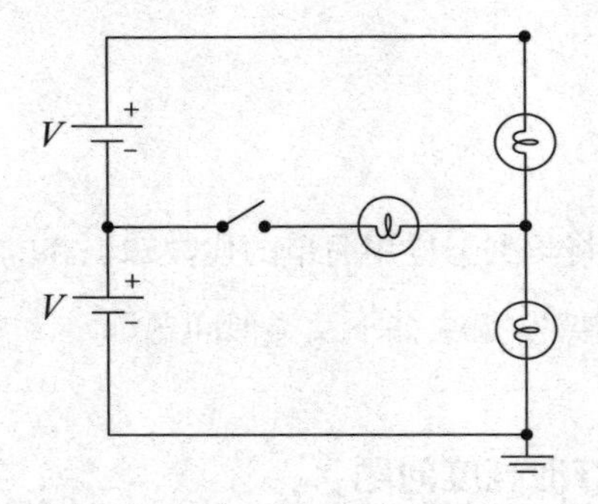

图 8-2 开关闭合后，每个灯泡的亮度如何变化？

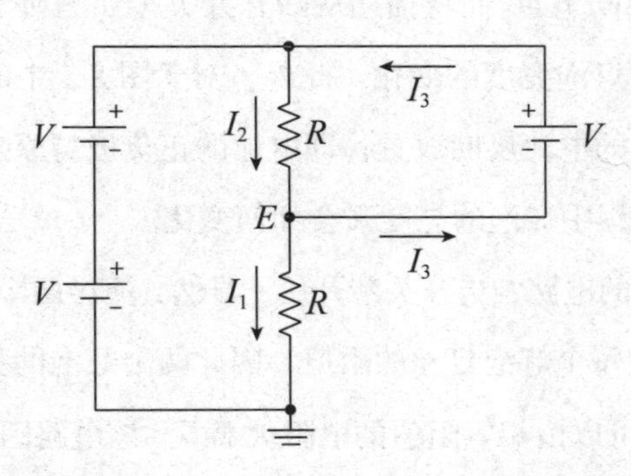

图 8-3 在开关闭合时图 8-1 的电路

参考接地点，电池组上的电压为 $2V$，两个灯泡节点处的电压为 E。那么可得出如下等式：

$$I_1 = \frac{E}{R}$$

$$I_2 = \frac{2V - E}{R}$$

而且，由于最右侧的电池的电压也为 $2V$，所以

$$E + V = 2V$$

所以 $E = V$。因此

$$I_1 = \frac{V}{R}$$

$$I_2 = \frac{2V - E}{R} = \frac{2V - V}{R} = \frac{V}{R}$$

请注意，I_1 和 I_2 是开关断开时的电流，因此，所有灯泡的亮度都没有发生改变。也注意一下，最右侧电池上的电流 I_3 为零，因为在两个灯泡的节点 E 处，$I_2 = I_1 + I_3$。

电池装反了，灯泡会怎样？

再看图 8-1 的电路，但现在最右侧电池正负极与刚才讨论的情形相反，开关闭合后的电路图可以用图 8-4 替代。

对于此电路，可得到如下等式：

$$I_1 = \frac{E}{R}$$

$$I_2 = \frac{2V - E}{R}$$

现在由左侧电池组开始到最右侧电池，得

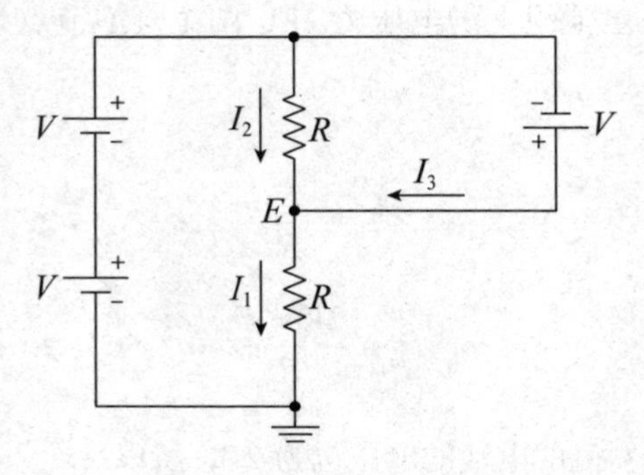

图 8-4 开关闭合且将最右侧电池的正负极反向放置时图 8-1 的电路

$$2V + V = E = 3V$$

因此

$$I_1 = \frac{3V}{R}$$

$$I_2 = \frac{2V - 3V}{R} = -\frac{V}{R}$$

因此，I_1 变成了原来的 3 倍，I_2 的方向改变了（但是大小没变）。这表示上端灯泡的亮度没有改变，但是下端灯泡的亮度增加了。

现在，请把注意力放到图 8-2 的电路上。开关断开时，中间的灯泡不亮，因为此时通过该灯泡的电流为零。而上下端两个灯泡的亮度一样，这是因为通过这两个灯泡的电流相同，均为 $\frac{2V}{2R} = \frac{V}{R}$。开关闭合后的电路可以图 8-5 替代，可得如下等式：

$$I_1 = \frac{V - E}{R}, \quad I_2 = \frac{2V - E}{R}, \quad I_3 = \frac{E}{R}$$

因为

$$I_1 + I_2 = I_3$$

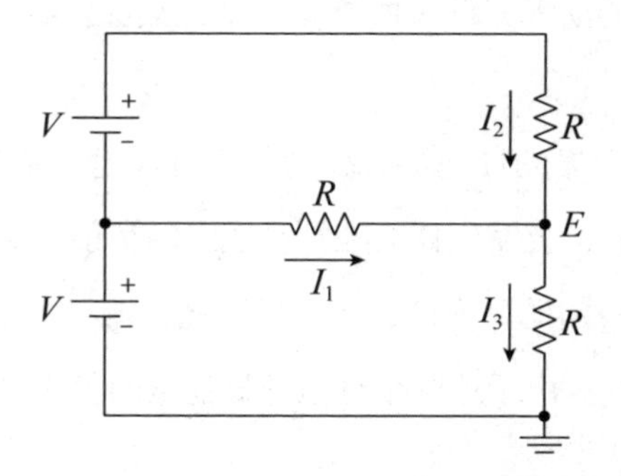

图8-5　图8-2开关闭合后的电路

所以

$$\frac{V-E}{R}+\frac{2V-E}{R}=\frac{E}{R}$$

即

$$V-E+2V-E=E$$

所以 $E=V$。因此

$$I_1=0,\quad I_2=\frac{V}{R}=I_3$$

所以，所有灯泡的亮度都不会发生变化。

接招吧：你对电路问题的判断真的不需要数学计算吗？

一些非常聪明的读者可能对我们动用方程式解决这些电路问题嗤之以鼻，他们认为只要“看看电路就能得到答案”，现在却要做那么多数学运算，简直是小题大做。我当然不会怀疑，有些读者的确可以做到这一点。然而，我不得不带着遗憾承认，即使我拥有电气工程博士学位，也很容易怀疑自己对大多数电路的直觉感受。甚至当我确信自己知道一个电路中正在发生着什么，做一个正式的分析仍会让我感觉更为良好。因此，对我们的方法持怀疑态度（甚至窃笑）的读者，敢不敢接受一个挑战呢？我们来对图 8-2 中的电路稍作修改。

假设该电路图上方的灯泡被替换为一个灯丝电阻值为之前两倍的灯泡，那么，当开关闭合后，会发生什么呢？在继续阅读前请立刻写下你的答案。

开关断开时，中间的灯泡像之前一样不亮，流经上下两个灯泡的电流相同，均为 $\frac{2V}{3R}=0.67\frac{V}{R}$。由于这两个灯泡的灯丝电阻值不同，所以均会被点亮，但亮度不同。

开关闭合后，相关电路方程式看起来只不过是与之前稍有不同，但计算结果却大相径庭

$$I_1=\frac{V-E}{R},\quad I_2=\frac{2V-E}{2R},\quad I_3=\frac{E}{R}$$

因为

$$I_1+I_2=I_3$$

则

$$\frac{V-E}{R}+\frac{2V-E}{2R}=\frac{E}{R}$$

即

$$2V-2E+2V-E=2E$$
$$4V=5E$$

因此 $E=\frac{4}{5}V$。所以

$$I_1=\frac{V-\frac{4}{5}V}{R}=\frac{1}{5}\frac{V}{R}=0.2\frac{V}{R}\text{（之前为 0）}$$
$$I_2=\frac{2V-\frac{4}{5}V}{2R}=\frac{3}{5}\frac{V}{R}=0.6\frac{V}{R}\left(\text{之前为 }0.67\frac{V}{R}\right)$$
$$I_3=\frac{E}{R}=\frac{4}{5}\frac{V}{R}=0.8\frac{V}{R}\left(\text{之前为 }0.67\frac{V}{R}\right)$$

因此，闭合开关后，中间的灯泡从不亮变亮（尽管亮度小于相同的下方的灯泡），上方的灯泡稍稍变暗（但仍旧比现在发亮的中间的灯泡要亮），下方的灯泡比之前开关断开时的状态更亮一些。

那么老实说，刚才的你在做数学计算之前写下的答案对了吗?

注释

① 他一再证明自己是白痴。

② 基尔霍夫定律是以德国物理学家古斯塔夫·基尔霍夫（Gustav Kirchhoff, 1824—1887）的名字命名的，包括两大定律：(a) 沿着闭合回路所有元件两端的电势差（电压）的代数和为零（体现了能量守恒）；(b) 涉及某节点的电流的代数和为零（体现了电荷守恒）。欧姆定律是以德国物理学家乔治·欧姆（Georg Ohm，1789—1854）的名字命名的，即广为人知的“在同一电路中，某一导体两端的电势差是流经该导体的电流与其电阻值的乘积”。

③ 理想电池的内电阻为零。实际电池总存在一定值的内电阻，在电池还是新的时候内电阻通常很小（不到 1 欧姆），电池变旧时内电阻就会变大。

第 9 章

再深都可测

又过了一会儿，爱丽丝下去了（跟在那只白兔后面钻入兔子洞里），

从没想过她该怎么出来，再回到这个世界。

——路易斯·卡罗尔[①]（Lewis Carroll）

开胃小菜：扔块石头测量墙的高度

在进入本章的主题前，我们先上盘开胃小菜：一块下落的石头在半秒钟内掠过了一堵高墙的下半部分，那么忽略空气阻力，墙的高度是多少呢？

设 t_1 为石头在下落过程中经过墙的上半部分所需的时间，设 x 为墙的高度，则

$$\frac{1}{2}x = \frac{1}{2}gt_1^2$$

所以

$$t_1 = \sqrt{\frac{x}{g}}$$

设 t_2 为下落过程中经过整面墙所需的时间，则

$$x = \frac{1}{2}gt_2^2$$

因此

$$t_2 = \sqrt{\frac{2x}{g}}$$

所以

$$t_2 - t_1 = \sqrt{\frac{2x}{g}} - \sqrt{\frac{x}{g}} = \frac{1}{2}$$

或

$$\sqrt{x}\left(\sqrt{\frac{2}{g}} - \sqrt{\frac{1}{g}}\right) = \frac{1}{2} = \sqrt{x}\frac{\sqrt{2} - \sqrt{1}}{\sqrt{g}} = \sqrt{x}\frac{\sqrt{2} - 1}{\sqrt{g}}$$

即

$$\frac{1}{4} = x\left(\frac{\sqrt{2} - 1}{\sqrt{g}}\right)^2 = x\frac{\left(\sqrt{2} - 1\right)^2}{g}$$

因此

$$x = \frac{g}{4\left(\sqrt{2} - 1\right)^2} = \frac{32.2}{4\left(\sqrt{2} - 1\right)^2}\text{ 英尺} = 46.9\text{ 英尺}$$

请注意，这里暂不涉及二次方程，但是对于本章的主题，我们还是会不可避免地用到二次方程。

主菜：用钢珠和秒表测量洞的深度

假设你正站在一个很深的垂直通往地底的洞的洞口边。这个洞非常深，洞的深处一片漆黑，看不见底。你想用简单的物理学知识得到洞的深度，从而满足自己的好奇心。怎么做呢？事实上，你需要的只是一个小小的钢球（弹珠大小）和口袋里的秒表。操作方法如下。

让钢球从洞口下落，同一时间开启秒表。当你听到“扑通”声（钢球落入水中了。如果洞底是干燥的，则会听到“哐啷”声）时，关掉秒表。那么，声音的传播速度以 1 115 英尺 / 秒计，忽略钢球下落过程中遇到的空气阻力，当秒表的读数为 3 秒时，洞有多深呢？如果秒表的读数为 6 秒，洞的深度又是多少？会是前者的两倍吗？

显然不是。那么，如何解释个中原因？

设 t_1 为钢球到达洞底所需的时间，t_2 为钢球到达洞底时的撞击声传回到你耳中所需的时间。因此，总时间（秒表的读数）T 可以记作

$$T = t_1 + t_2$$

设 D 为洞的深度，s 为声音的传播速度，可以得到（记住我们忽略了空气阻力的作用）

$$D = \frac{1}{2}gt_1^2$$

$$t_2 = \frac{D}{s}$$

因此

$$t_1 = \sqrt{\frac{2D}{g}}$$

因此

$$T = \sqrt{\frac{2D}{g}} + \frac{D}{s}$$

即

$$sT - D = s\sqrt{\frac{2D}{g}}$$

对等式两边做平方，合并整理后，可以得到如下关于 D 的二次方程：

$$D^2-\left(\frac{2s^2}{g}+2sT\right)D+s^2T^2=0$$

对此二次方程求解，可以得出答案：

$$D=\frac{s^2+sTg\pm s^2\sqrt{1+2\frac{Tg}{s}}}{g}$$

实际上，由于这个式子中存在 ±，D 有两个解。当然这两个解不可能都是正确的，那么，我们应当保留哪一个，舍弃哪一个呢？试试在 $T=0$ 时的极端情况，就可以排除其中一个解。从物理上我们知道，$T=0$ 意味着 $D=0$，而如果我们选加号的话，就得到 $D=\frac{2s^2}{g}$，并不等于 0，这显然是错误的。如果选择减号，就会得到 $D=0$。因此，选择减号是正确的。那么，洞的深度为

$$D=\frac{s^2+sTg-s^2\sqrt{1+2\frac{Tg}{s}}}{g}=\frac{s^2\left[1-\sqrt{1+2\frac{Tg}{s}}\right]+sTg}{g}$$

最终会化简为

$$D=sT+\frac{s^2}{g}\left[1-\sqrt{1+2\frac{Tg}{s}}\right]$$

那么，下落时间为 3 秒的洞的深度为

$$\begin{aligned}D &= (1\,115)3+\frac{1115^2}{32.2}\left[1-\sqrt{1+2\frac{3(32.2)}{1\,115}}\right]\text{英尺}\\ &= [3\,345+38\,609(-0.08318)]\ \text{英尺}\\ &= [3\,345-3\,211]\ \text{英尺}=134\ \text{英尺}\end{aligned}$$

下落时间为 6 秒的洞的深度为

$$\begin{aligned} D &= (1\,115)6 + \frac{1\,115^2}{32.2}\left[1 - \sqrt{1 + 2\frac{6(32.2)}{1\,115}}\right] \text{英尺} \\ &= [6\,690 + 38\,609(-0.1604)]\ \text{英尺} \\ &= [6\,690 - 6\,193]\ \text{英尺} = 497\ \text{英尺} \end{aligned}$$

可以看到，后者的深度远超前者的两倍!

甜点：秒表计时 6 秒的洞比计时 3 秒的洞深两倍吗?

对此，我们有如下的解释。

在钢球下落到第 6 秒末时，钢球的运动速度为

$$gt = 32.2(6)\ \text{英尺/秒} = 193\text{英尺/秒}$$

这个速度远小于声速。因此，6 秒的时间里有大部分时间都用于下落过程本身，只有一小部分时间用于球到达底部时声音再传回洞口。也就是说，在下落 6 秒的过程中，大部分时间钢球都在做加速运动，因此经过的距离也远大于下落时间为 3 秒的距离的两倍。

第10章

角动量让世界转动

爱让世界转动。

——俗语[②]

在前面几章中，我们已经接触过转动惯量和扭转力的概念。在本章中，我们将再次对这些知识点进行讨论，从而解答引子中最后两个尚未解答的小问题（以及第1章例6中我提及的月球远离地球的问题）。

动量与角动量

首先，我们来回顾一些简单的物理学知识。质量为 m 的物体以速度 v 运动，那么它的平动动能为

$$E_{平动} = \frac{1}{2}mv^2$$

（我把重要的式子放在方框里，因为我马上还要用到它。）在第6章中我们了解到，如果这个物体没有做直线运动，而是以弧度 Ω/秒的角速度旋转，则该物体的转动动能为

$$E_{旋转} = \frac{1}{2}I\Omega^2$$

其中 I 为该物体绕旋转轴的转动惯量。

这两个关于动能的表达式可以说明这种类比关系：I 就“像” m，Ω 就“像” v。因此，如果我们把这一类比推广到动量上，那么，因为线性动量为 mv，我们就有理由认为角动量为 $I\Omega$。

对引子例 1 圆柱体问题的精彩解析

借助这两个能量表达式，我们可以解决引子例 1 中两个圆柱体（一个空心，另一个实心）滚下斜面（再看一下图 1）的问题。

当时间 $t = 0$ 时，质量均为 m、半径均为 R 的两个相同的圆柱体处于静止状态，位于斜面上方的 L 处（与水平面的角度为 θ）。因此，这两个圆柱体一开始具有的动能均为零，势能均为 $mgL\sin(\theta)$。当两个圆柱体沿着斜面下滑的距离为 x 时，一部分势能 $mgx\sin(\theta)$——将转变为直线运动的动能和旋转运动的动能。也就是说，如果 I、$\Omega(x)$ 和 $v(x)$ 分别表示圆柱体滚下斜面时的转动惯量、旋转速度和线性运动速度，那么，当圆柱体沿着斜面向下滚落的距离为 x 时，

$$\frac{1}{2}mv^2 + \frac{1}{2}I\Omega^2 = mgx\sin(\theta)$$

如果 $T(x)$ 是圆柱体滚动一周、滚落到距离 x 时所用的时间，那么

$$\Omega(x) = \frac{2\pi}{T(x)}$$

所以

$$T(x) = \frac{2\pi}{\Omega(x)}$$

因为圆柱体在斜面上滚落一周所经过的距离为 $2\pi R$，因此

$$v(x)=\frac{2\pi R}{T(x)}=\frac{2\pi R}{\frac{2\pi}{\Omega(x)}}=\Omega(x)R$$

所以

$$\Omega(x)=\frac{v(x)}{R}$$

我们把这个关于 Ω 的表达式代入上文最后一个方框的等式中，就可以得到

$$\boxed{\frac{1}{2}mv^2+\frac{1}{2}I\frac{v^2}{R^2}=mgx\sin(\theta)}$$

一般来说，这个等式对两个圆柱体均适用，但是空心圆柱体和实心圆柱体的转动惯量 I 当然是不同的。现在，让我们分别分析空心圆柱体和实心圆柱体面临的情形，首先来看实心圆柱体。

我们在第 6 章中已经得到

$$I_{实心}=\frac{1}{2}mR^2$$

所以

$$\frac{1}{2}mv^2+\frac{1}{4}mv^2=mgx\sin(\theta)=\frac{3}{4}mv^2$$

即

$$v^2=\frac{4gx\sin(\theta)}{3}$$

因为

$$v=\frac{\mathrm{d}x}{\mathrm{d}t}$$

由此可得

$$\frac{\mathrm{d}x}{\mathrm{d}t}=\sqrt{\frac{4g\sin(\theta)}{3}}\sqrt{x}$$

或者，我们对 $0 \le x \le L$ 积分（因此 $0 \le t \le t_{实心}$，其中 $t_{实心}$是实心圆柱体到达斜面底部所用的时间），可得

$$\int_0^L \frac{\mathrm{d}x}{\sqrt{x}}=\int_0^{t_{实心}}\sqrt{\frac{4g\sin(\theta)}{3}}\mathrm{d}t=2t_{实心}\sqrt{\frac{g\sin(\theta)}{3}}=2\left(\sqrt{x}\right)|_0^L=2\sqrt{L}$$

因此

$$\boxed{t_{实心}=\sqrt{\frac{3L}{g\sin(\theta)}}}$$

现在，我们再来看看空心圆柱体的情形。从第 6 章中可以得到

$$I_{空心}=mR^2$$

因此

$$\frac{1}{2}mv^2+\frac{1}{2}mv^2=mgx\sin(\theta)=mv^2$$

因此

$$v^2=gx\sin(\theta)$$

因此

$$\frac{\mathrm{d}x}{\mathrm{d}t}=\sqrt{g\sin(\theta)}\sqrt{x}$$

所以，如果我们设 $t_{空心}$是空心圆柱体到达斜面底部所用的时间，则可以得到

$$\int_0^L \frac{\mathrm{d}x}{\sqrt{x}}=\int_0^{t_{空心}}\sqrt{g\sin(\theta)}\,\mathrm{d}t=t_{空心}\sqrt{g\sin(\theta)}=2\sqrt{L}$$

或

$$t_{空心} = \sqrt{\frac{4L}{g\sin(\theta)}}$$

那么，将 $t_{空心}$与 $t_{实心}$两相比较，由于 $t_{空心} > t_{实心}$，在沿斜面下滑的比赛中，实心圆柱体获得胜利！

我们所做的计算还可以告诉我们实心圆柱体胜出的时间。空心圆柱体与实心圆柱体所耗时间的比为

$$\frac{t_{空心}}{t_{实心}} = \sqrt{\frac{4L}{g\sin(\theta)}}\sqrt{\frac{g\sin(\theta)}{3L}} = \sqrt{\frac{4}{3}} = \frac{2}{\sqrt{3}} = 1.1547$$

也就是说，空心圆柱体滚落到斜面底部所需的时间比实心圆柱体多出15% 以上。

你可能会问，这一知识有什么实用价值？假设你正在参加一个乡村集市的比赛，在这场比赛中，参赛者使用一只桶从斜面顶部滚落至底部，最先到达底部的人可以获得一条蓝丝带。（在乡村集市上，我还见过比这更好玩的事情！）如何才能赢得比赛呢？

那么，有了我们的计算结果作为强大的后盾，你就会很清楚，把自己装进桶里与自己抱着桶滚下去相比，前者更快。当然，我认为无论如何你都会选择前者，但现在你知道，无论是根据物理学知识还是常识，这都是一个正确的选择。

对引子例 2 烟囱问题的精彩解析

现在，我们来把注意力放到引子例 2 中那个颇具挑战性的问题上：关于倒塌的烟囱问题（请参考图 2 和图 3）。

首先，我要先在扭矩、转动惯性和角加速度之间建立一种非常有用的关联。假设大小为 F 的力作用在质量为 m 的质点上，产生了一个加速度 a。因此

$$F = ma \text{ 或 } a = \frac{F}{m}$$

如果该质点以 Ω 弧度/秒的角速度绕半径为 r 的圆作圆周运动，那么它的切线速度为

$$v = r\Omega$$

如果 Ω 以 $\Delta\Omega$ 变化，v 以 Δv 变化，则

$$v + \Delta v = r(\Omega + \Delta\Omega)$$

或

$$\Delta v = r\Delta\Omega$$

如果在 Δt 的时间里分别有 Δv 和 $\Delta\Omega$ 的变化，那么

$$\boxed{\frac{\Delta v}{\Delta t} = r\frac{\Delta\Omega}{\Delta t}}$$

因此，在 $\Delta t \to 0$ 的极限中，该质点的角加速度为

$$\lim_{\Delta t \to 0}\frac{\Delta\Omega}{\Delta t} = \alpha$$

切线加速度为

$$\lim_{\Delta t \to 0}\frac{\Delta v}{\Delta t} = a$$

因此，从上一个方框中的表达式可以得到

$$a = r\alpha$$

或

$$\alpha = \frac{a}{r} = \frac{\frac{F}{m}}{r} = \frac{F}{mr} = \left(\frac{r}{r}\right)\frac{F}{mr} = \frac{rF}{mr^2}$$

回顾一下第6章，我们把 rF 的乘积称为扭矩，称为质量为 m 的质点围绕距离 r 的中心旋转的转动惯量，也就是说

$$角加速度 = \frac{扭矩}{转动惯量}$$

或

扭转力矩 = (转动惯量 × 角加速度)

现在，再回到图2。当烟囱倒塌但没有发生弯曲之前（如果它会发生的话），可以看到有两个相同的质点在做圆周运动。质点 b 的圆周运动的半径为 L，质点 c 的圆周运动的半径为 $2L$。因为这两个质点质量相同，所以其垂直于烟囱长度的重力分量也相同（记为分量 F_a 和分量 F_c）。这些分量产生的扭转力矩（以烟囱底部的点为旋转点）为

$$T_b = F_b L$$
$$T_c = F_c 2L$$

或者，因为

$$F_b = F_c$$

可以得到

$$T_c = 2T_b$$

质点 b 关于旋转点的转动惯量为

$$I_b = mL^2$$

而质点 c 关于旋转点的转动惯量为

$$I_c = m4L^2$$

即

$$I_c = 4I_b$$

设质点 b 和 c 的角加速度分别为 α_b 和 α_c，当把 T 和 I 代入到上一个有方框的表达式中，可以得到

$$T_b = I_b\alpha_b$$

和

$$T_c = I_c\alpha_c$$

那么也可以得到

$$\alpha_b = \frac{T_b}{I_b}$$

和

$$\alpha_c = \frac{T_c}{I_c}$$

因此

$$\frac{\alpha_b}{\alpha_c} = \frac{\frac{T_b}{I_b}}{\frac{T_c}{I_c}} = \left(\frac{T_b}{T_c}\right)\left(\frac{I_c}{I_b}\right) = \left(\frac{1}{2}\right)(4) = 2$$

也就是说，质点 b 的角加速度是质点 c 的两倍，所以质点 b 所需的角速度要比质点 c 快得多。因此，简单的烟囱模型在倒塌的过程中确实会弯曲，并会以图 3(a) 所示的形状弯曲。一些关于倒塌的烟囱的照片表明，这确实是在真实情况下烟囱在倒塌过程中的弯曲方式。[3]

最棒的简单物理学例证：算出月球远离地球的速度！

最后，我将以我的物理学工作中遇到的最令人印象深刻的简单物理学例证来结束本章。还记得第 1 章例 6 中关于月球正在远离地球的说法吗？利用阿波罗 11 号上的宇航员安装在月球上的角反射器，用激光脉冲法测量月球与地球之间的距离，可以表明月球和地球之间的距离正在以每年 1.5 英寸的速度增加。现在我将向大家展示，如何利用角动量守恒这一最基本的物理学定律来计算月球远离地球的速度。

首先，假设地—月系统是宇宙中遥远恒星背景下的独立系统。月球绕地球旋转，地球自转，但是相对于太空中那些遥远的恒星地球是静止的。当然，这不是实际情况，但却能大大简化对实际情况的分析工作。因为地球在自转，所以其自旋角动量正如本章开篇所讲的那样，为 $I\Omega$。因为月球围绕着地球旋转，所以月球具有轨道角动量（稍后我们再来计算这个角动量）。

我们在第 6 章中已经叙述过，由于潮汐摩擦力的存在，地球的自转速度正在减小。也就是说，地球的自转角动量也在减小。因为角动量守恒，所以地—月系统中某处的角动量一定在增加。那么，这个“某处”又是何处呢？唯一的对象就是月球，海洋潮汐把地球的自转角动量转移给了月球的轨道角动量。也许有人会认为月球的自转角动量也可能在增加，但事实上人们并未观察到这一现象。我现在假设月球的轨道角动量是地球自转角动量减少后唯一的受益方，那么让我们来看看，这样的假设会把我们带向何方。[④]

月球的轨道角动量是多少呢？假设月球是一个质量为 m 的质点，以速度 v 围绕地球作半径为 r 的圆周运动。设月球的角速度为 ω 弧度 / 秒，那么

$$v = \omega r$$

因此

$$\omega = \frac{v}{r}$$

当月球围绕地球运动时，月球的转动惯量为

$$I = mr^2$$

由于月球的轨道角动量是 $I\omega$，所以我们可以把轨道角动量表达为

$$L_m = I\omega = mr^2\left(\frac{v}{r}\right) = mrv$$

角动量的单位是 $\frac{\text{千克}\cdot\text{米}^2}{\text{秒}}$。如果你细心观察就会发现，动量（$mv$）和角动量（$mrv$）具有不同的单位。然而，这个结果也不应当令人感到震惊，因为我们已经看到过相似的情况：轨道速度（v）和角速度（ω）的单位不同。

现在，我们可以计算月球的远离速度了。设 M 为地球的质量。地球作用于月球的万有引力为

$$F = \frac{GMm}{r^2}$$

那么如果月球的向心加速度就是其重力加速度，就可以得到

$$\frac{F}{m} = \frac{GM}{r^2} = \frac{v^2}{r}$$

因此

$$v = \sqrt{\frac{GM}{r}}$$

也就是说，月球的轨道角动量为

$$L_m = mr\sqrt{\frac{GM}{r}} = m\sqrt{GM}\sqrt{r}$$

对 r 做微分，可以得到

$$\frac{\mathrm{d}L_m}{\mathrm{d}r} = \frac{1}{2}m\sqrt{GM}\frac{1}{\sqrt{r}}$$

或者利用变量做近似微分，可以得到

$$\boxed{\Delta r \approx \frac{2}{m}\sqrt{\frac{r}{GM}}\Delta L_m}$$

这个式子表明，月球轨道角动量的正向变化 ΔL_m 会引起其轨道半径的正向变化 Δr。

这一分析中的核心假设是变量 ΔL_m 与地球自旋角动量中的变量 ΔL_e 大小相等。在第6章中，我们得出地球的转动惯量是 $0.3444MR^2$，其中 R 是地球的半径，因此，地球的自旋角动量为

$$L_e = 0.3444MR^2\Omega$$

其中 Ω 为地球的转动速度。设 T 为一天的长度（86 400秒），那么

$$\Omega = \frac{2\pi}{T}\text{弧度/秒}$$

因为

$$\Delta L_e = 0.3444MR^2\Delta\Omega$$

并且因为

$$\frac{\mathrm{d}\Omega}{\mathrm{d}T} = -\frac{2\pi}{T^2}$$

即（对于微小变化）

$$\Delta\Omega = -\frac{2\pi}{T^2}\Delta T$$

则

$$\Delta L_e = -0.3444MR^2\frac{2\pi}{T^2}\Delta T$$

在最后两个表达式中，ΔT 是一天的长度的变化，这一变化与时间间隔为 T 的地球转动速度的变化有关。回顾第6章，我们可以得知100年间 T 的

变化为 0.002 秒，所以每天的时间变化为

$$\Delta T=\frac{2\times10^{-3}\text{秒}}{(100\text{年})\left(365\frac{\text{天}}{\text{年}}\right)}=\frac{2\times10^{-5}}{365}\frac{\text{秒}}{\text{天}}$$

因此，地球自转角动量的日变化量为

$$\Delta L_e=-\frac{0.6888MR^2\pi}{(86\,400\text{秒})^2}\left(\frac{2\times10^{-5}}{365}\frac{\text{秒}}{\text{天}}\right)$$

将上式乘以 365 天后，即可得到 ΔL_e 的年变化量为

$$\boxed{\Delta L_e=-\frac{0.6888MR^2\pi}{86\,400^2}2\times10^{-5}\frac{1}{\text{秒}}}$$

令 $\Delta L_m=|\Delta L_e|$，利用上述 L 计算的表达式，可以得到月球轨道半径的年变化为

$$\Delta r=\frac{2}{m}\sqrt{\frac{r}{GM}}\frac{0.6888MR^2\pi}{86\,400^2}2\times10^{-5}\frac{1}{\text{秒}}$$

或

$$\boxed{\Delta r=\frac{4\pi(0.6888)R^2}{86\,400^2m}\sqrt{\frac{Mr}{G}}\times10^{-5}\frac{1}{\text{秒}}}$$

Δr 的表达式得出的结果的单位应该是米。为了验证这一点，我们直接将所有项的单位代入该表达式：

m = 月球的质量 = 7.35×10^{22} 千克，

M = 地球的质量 = 5.98×10^{24} 千克，

r = 月球轨道半径 = 239 000 英里 = 3.84×10^{8} 米，

G = 引力常数 = $6.67\times10^{-11}\frac{\text{米}^3}{\text{千克}\cdot\text{秒}^2}$，

R = 地球半径 = 6.37×10^{6} 米。

因此

$$
\begin{aligned}
\Delta r &= \frac{4\pi(0.6888)(6.37\times10^{6}\text{米})^{2}}{(8.64\times10^{4})^{2}(7.35\times10^{22}\text{千克})} \\
&\quad \sqrt{\frac{(5.98\times10^{24}\text{千克})(3.84\times10^{8}\text{米})}{6.67\times10^{-11}\frac{\text{米}^{2}}{\text{千克}\cdot\text{秒}^{2}}}}\times10^{-5}\frac{1}{\text{秒}} \\
&= 0.64\times10^{-18}\frac{\text{米}^{2}}{\text{千克}} \\
&\quad \times\sqrt{3.44\times10^{43}\frac{\text{千克}^{2}\cdot\text{秒}^{2}}{\text{米}^{2}}} \\
&\quad \times10^{-5}\frac{1}{\text{秒}} \\
&= 0.64\times10^{-23}\frac{\text{米}^{2}}{\text{千克}\cdot\text{秒}} \\
&\quad \times\sqrt{34.4\times10^{42}\frac{\text{千克}^{2}\cdot\text{秒}^{2}}{\text{米}^{2}}} \\
&= 3.75\times10^{-23}\text{米}\times10^{21} \\
&= 3.75\times10^{-2}\text{米} = 3.75\text{厘米}
\end{aligned}
$$

不过，请留意，这个结果是指年变化。因为 1 英寸等于 2.54 厘米，所以月球的后退速度是 1.48 英寸 / 年。这一理论计算结果与激光 / 角棱镜试验的测量结果完全一致。

注释

① 出自《爱丽丝梦游仙境》(*Alice's Adventures in Wonderland*)。

② 如果转述成“角动量让世界转动”就会丧失某些意蕴。

③ 请参考弗朗西斯 · B. 邦迪（Francis B. Bundy）的《自由倒塌的烟囱和柱状物的应力》(*Stresses in Freely Falling Chimneys and Columns*),发表于《应用物理学杂志》(*Journal of Applied Physics*) 1940 年 2 月第 112—123 页（尤其是第 121 页）。

④ 地球和月球之间的关系非常复杂，决不能用“简单”来形容。关于这个课题的一个既古老又非常有用的入门读物是戈登 · J. F. 麦克唐纳的《地球和月球：过去和未来》(*Earth and Moon: Past and Future*)，发表于《科学》1964 年 8 月 28 日刊第 881—890 页。麦克唐纳观察到，在过去的 10 亿年间，月球的后退速度几乎保持恒定，因此在 10 亿年前，月球与地球的距离要比今天近 15 亿英寸（23 600 英里）。

第 11 章

重心与势能

每个守财奴都知道，

高高堆放的一堆便士币可以偏离竖直方向稍微倾斜而不倒下。

那么，便士币究竟能堆多高呢？

——保罗 · B. 约翰逊[①]（Paul B. Johnson）

第一次看到这个题记的人每每为其中描述的情形惊讶不已。约翰逊通过一个数学等式和一些微妙的论证，解决了这个便士币的堆放问题。在本章中，我们将只用一些简单的物理学知识来解决这个问题，其中空间延伸物体的重心概念会起到重要作用。

奇形怪状的物体的重心

重心是这样一个点：我们可以假设整个物体的质量都集中在这一个点上。通常情况下，由于物体的对称性，重心显而易见。例如，一个密度均匀的实心球的重心就是该球体的几何中心。同样地，一个密度均匀的圆环的重心就是该圆环的中心（但需注意的是，在这种情况下，重心是一个空的点，在这个点上没有任何实际的质量）。对于一个非常复杂的不规则物体，其重心要通过计算才能得到。在最简单的例子中，假设该物体有 N 个质点，m_i，$1 \le i \le N$，每个质点的坐标是 (x_i, y_i, z_i)。那么，重心的 x 坐标为

$$X_C = \frac{\sum_{i=1}^{N} m_i x_i}{\sum_{i=1}^{N} m_i}$$

重心的 y 坐标和 z 坐标可以以此类推。

有时候，物体的对称轴看起来不存在，但事实却并非如此。这样的例子如图 11-1 所示，这也正是大学一年级的物理老师最喜欢提问的问题。图中有一个厚度固定、密度均匀的圆盘，其右上象限中切掉了一块最大的正方形。当圆盘还是完完整整的时候，根据对称性，可知圆盘的重心就位于原点。然而，在去掉正方形之后，情况就不是这样了。那么，切掉正方形后的圆盘重心位于何处呢？让我们将该问题的答案表示为(X,Y)。即使圆盘被切掉了正方形，剩余的圆盘仍具有对称性，且 $Y = X$（也就是说，根据图 11-1 所示的“对称轴”，说明圆盘在 x 和 y 方向上没有区别）。这一观察非常有用，但我们的问题仍未解决。X 和 Y 到底在哪里？

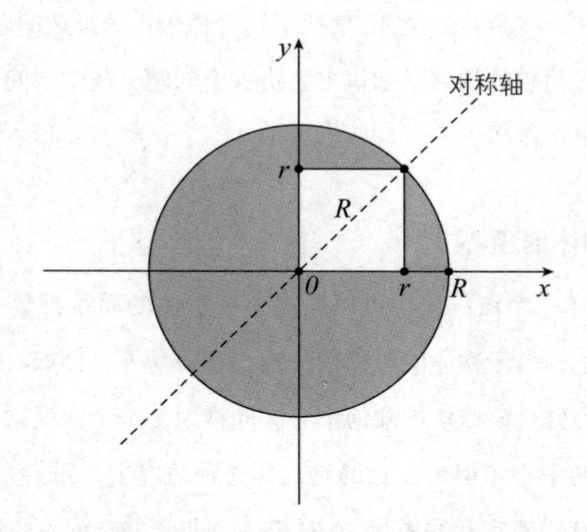

图 11-1 切掉了一个正方形的圆盘

由对称性可得，从圆盘中切掉的正方形的重心位于该正方形的中心。根据简单的几何学知识（回顾一下勾股定理），如果圆盘的半径为 R，那么正方形的边长为 $r=\frac{R}{\sqrt{2}}$，因此正方形中心的坐标为 $(\frac{R}{2\sqrt{2}},\frac{R}{2\sqrt{2}})$。下面是一个很重要的观察结果：如果我们把正方形放回到被切割后的圆盘上，那么就可以重新获得完整的圆盘。谁会质疑这一点呢？因此，如果 m_1 是被切割后的圆盘的质量，m_2 是正方形的质量，那么，把这两个单独的质量合并，可以得到重心的公式为

$$0=\frac{m_1X+m_2\frac{R}{2\sqrt{2}}}{m_1+m_2}$$

由于对称性，左侧的零表示重新变完整的圆盘的重心的 x 坐标。因此，我们可以得到

$$X=-\frac{m_2}{m_1}\left(\frac{R}{2\sqrt{2}}\right)$$

或者，由于圆盘和正方形都具有固定的厚度和密度，这两个物体的质量与其表面积（分别为 A_1 和 A_2）成直接正比关系，所以可得

$$X=-\frac{A_2}{A_1}\left(\frac{R}{2\sqrt{2}}\right)$$

根据几何学可以得到

$$A_1=\pi R^2-A_2$$

且

$$A_2=\frac{R^2}{2}$$

因此

$$X=-\frac{\frac{R^2}{2}}{\pi R^2-\frac{R^2}{2}}\left(\frac{R}{2\sqrt{2}}\right)=-\frac{R}{(2\pi-1)2\sqrt{2}}=-0.06692R(=Y)$$

如此，我们算出了切掉这个正方形之后的圆盘的重心所在。这有什么用呢？接下来你就会知道重心公式的作用，我们马上要用它来解决本章中的实际问题。

封面点睛：书可以摞多高？

这里不再讨论约翰逊的便士币（你一会儿就知道原因了）。如图 11-2 所示，假设一本长度为 1、质量为 1 的书平放在桌面上，书的最右边正好与桌子的边缘对齐。书的最左边可记为 $x=0$，因此书的最右边（即桌子的边缘）可记为 $x=1$。那么，书的重心位于 $x=\frac{1}{2}$ 处，也就是说，我们可以把这本书向外侧移动 $\frac{1}{2}$ 的距离，书也不会从桌子上掉落。书伸出桌面 $\frac{1}{2}$，我们将这一伸出部分称为悬垂部分，其长度记为 S。因此，对于 1 本书而言，$S(1)=\frac{1}{2}=\frac{1}{2}(1)$。

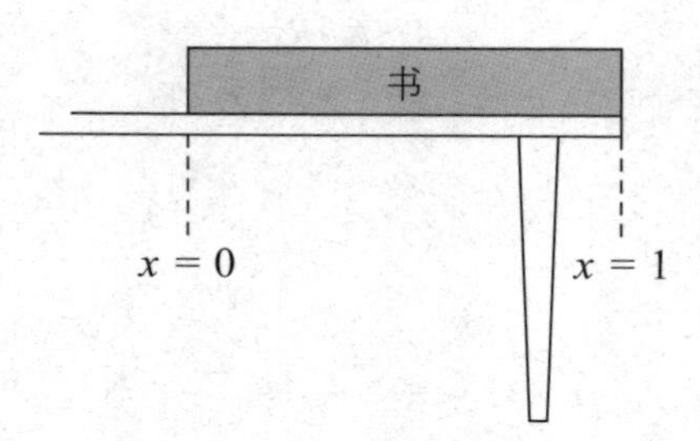

图 11-2 一本平放在桌面的书

现在，假设两本同样的书整齐地堆放在桌面上。从第一个分析可以得到，把最上面的书本向外侧移动 $\frac{1}{2}$ 的距离，该书不会从底下的书本上掉落。现在，

最上面的书本的重心位于 $x = 1$ 处，两本书共同的重心为

$$x = \frac{1 \times \frac{1}{2} + 1 \times 1}{2} = \frac{3}{4}$$

因此我们可以同时把这两本书的组合向桌子边缘移动 $\frac{1}{4}$ 的距离，这一组合也不会从桌子上掉落。现在，最上面的书本伸出桌子边缘的距离为

$$S(2) = \frac{1}{4} + \frac{1}{2} = \frac{1}{2}\left(1 + \frac{1}{2}\right)$$

让我们再重复上述步骤，令 3 本相同的书整齐地堆放在桌子上。从先前的结果可以得知，我们可以将最上面的书本向外侧移动 $\frac{1}{4}$ 的距离，该书不会从中间那本书上掉落。然后，我们还可以把上面两本书的组合向外侧移动 $\frac{1}{4}$ 的距离，这两本书的组合不会从最底下那本书上掉落。现在，上面两本书的组合的重心位置为 $x = 1$，而所有这 3 本书的组合的重心位置为

$$x = \frac{1 \times \frac{1}{2} + 2 \times 1}{3} = \frac{5}{6}$$

因此，我们可以把这 3 本书的组合向桌子边缘外移动 $\frac{1}{4}$ 的距离，而这 3 本书的组合也不会从桌子上掉落。现在，最上面的书本伸出桌子边缘的距离为

$$S(3) = \frac{1}{6} + \frac{1}{4} + \frac{1}{2} = \frac{1}{2}\left(1 + \frac{1}{2} + \frac{1}{3}\right)$$

到这里，你可能已经开始猜测到了，总的来说，只要我们继续重复上述步骤，堆上更多的书本，就可以得到

$$S(n) = \frac{1}{2}\sum_{k=1}^{n}\frac{1}{k}$$

我们可以通过归纳法验证这一猜想。即，假设有 $n-1$ 本书，那么

$$S(n-1)=\frac{1}{2}\sum_{k=1}^{n-1}\frac{1}{k}$$

也就是说

$$S(n)=\frac{1}{2}\sum_{k=1}^{n}\frac{1}{k}$$

因为我们已经通过直接计算写出了 $S(n)$ 的猜想公式适用于 $n=3$ 的情况，那也就是说它一定适用于 $n=4$ 的情况（也适用于 $n=5$ 的情况，依此类推）。通过直接计算，我们知道该公式也适用于 $n=1$ 和 $n=2$ 的情况。

因此，在对最底下的书本（以及上面其他所有的书）做出最后判断之前，要使上面的 $n-1$ 本书不会从桌子上掉落，那么，第 $n-1$ 本书的重心位置为 $x=1$。最上面的书伸出桌子边缘的距离为 $S(n-1)$。n 本书的组合的重心为

$$\begin{aligned}x &= \frac{1\times\frac{1}{2}+(n-1)(1)}{n}\\ &= \frac{1}{2n}+\frac{n-1}{n}=\frac{1+2(n-1)}{2n}=\frac{2n-1}{2n}=1-\frac{1}{2n}\end{aligned}$$

因此，在理论上，我们可以把 n 本书的组合向桌子边缘移动 $\frac{1}{2n}$ 的距离，这 n 本书的组合也不会从桌子上掉落。因此，这 n 本书伸出桌子边缘的距离为

$$S(n)=S(n-1)+\frac{1}{2n}=\frac{1}{2}\sum_{k=1}^{n-1}\frac{1}{k}+\frac{1}{2n}=\frac{1}{2}\sum_{k=1}^{n}\frac{1}{k}$$

这与我们之前的猜测一致，并且通过归纳法我们也完成了这一论证。

一摞高高的书最多可以伸出桌子边缘多少距离?

下面有一个“惊喜”。$S(n)$ 可以有多大呢？当然，理论上的答案是：你想要多大就能有多大！因为是所谓的调和级数的一部分，当 $n\to\infty$ 时，调和级数是发散的，这一点早被人们所熟知。[②]

当谈及该问题时，出生于俄国的物理学家乔治·伽莫夫（George Gamow，1904—1968）在他的一本书中写道：

> 通过堆放无数本书……我们可以让最上面的那本书伸出桌子边缘任何距离。③

但他接下来口风一转："然而，由于每一本新放的书对于向外移动做出的贡献都在快速下降，所以我们需要整个国会图书馆的书，才能使伸出桌子边缘的悬垂部分达到三四本书的长度！"但事实可不是这样的。

对于一个给定的 n，编写一个电脑程序来计算 $S(n)$ 是一件相当容易的事。实际上，当 $n = 227$ 时，$S(n)$ 第一次超过 3；当 $n = 1\ 674$ 时，$S(n)$ 第一次超过 4。也就是说，当摞上 227 本书时，这摞书伸出桌子边缘的长度为 3 本书的长度；当摞上 1 674 本时，这摞书伸出桌子边缘的长度为 4 本书的长度。由此可见，要伸出桌子边缘三四本书的长度，可不需要达到国会图书馆的藏书数量。

然而，对较大数值的 $S(n)$ 而言，这又截然不同了。例如，当悬垂部分 $S(n)$ 第一次超过 50 时，n 要大于 1.5×10^{43}。要伸出桌子边缘 50 本书的长度，那就得需要比国会图书馆里多得多的书了！④

保罗·约翰逊发表在《美国物理学杂志》（见注释①）上有关便士币堆放问题的笔记得到了俄亥俄州立大学一位名叫莱昂纳多·艾斯纳（Leonardo Eisner）的物理学家的回应，艾斯纳在几年前解决了这个问题："为了从'物理上'证明悬垂部分的结果，我和一位研究生在某天傍晚一起堆放《物理评论》（*The Physical Review*）合订本，堆出了一个非常大的伸出桌子外的距离！第二天早上，一位物理学图书馆馆员见到了我们堆放的书，大吃一惊！"⑤谁说物理学家都是害羞、安静的书呆子？我的书以及艾斯纳的信表明，有些物理学家是非常疯狂的家伙！

第 13 枚多米诺骨牌会将能量放大 19 亿倍!

在结束重心这个话题之前，我将给你展示一个比倾斜堆放便士币和书本更重要的应用。那就是，在一个链式反应中，能量是呈指数级（事实上是爆炸式）增长的。

为了模拟原子弹中中子连续分裂原子核的情况，我们将用一枚倒下的多米诺骨牌来推倒一枚稍大的多米诺骨牌，接着又推倒一枚更大一点的多米诺骨牌，以此类推[⑥]（与图 11-3 所示的大小相同的多米诺骨牌不同）。

图 11-3 多米诺链式反应

推倒第一枚多米诺骨牌所需的能量可以非常小，但最后一枚倒下的多米诺骨牌释放的能量可以达到推倒第一枚多米诺骨牌所费的能量的几十亿倍（我们马上就会证明这一点）。你可以在 YouTube 上找到如此之类的多米诺链式反应的视频，这些视频挺有观赏性的。那么，如何用简单的物理学知识，计算出推倒第一枚骨牌所需的能量以及最后一枚骨牌倒下时释放的能量呢？下面我们来试试。

注释⑥中提到的物理学家描述了 13 枚逐渐变大的多米诺骨牌链，所有多米诺骨牌均由丙烯酸塑料制成，最小的一枚骨牌（多米诺骨牌 #1）的尺寸为

- 厚度 $(w) = 1.19 \times 10^{-3}$ 米，
- 宽度 $(l) = 4.76 \times 10^{-3}$ 米，
- 高度 $(h) = 9.53 \times 10^{-3}$ 米。

最大的一枚多米诺骨牌（多米诺骨牌 #13）的尺寸为

- 厚度 $(w) = 76.2 \times 10^{-3}$ 米，
- 宽度 $(l) = 305 \times 10^{-3}$ 米，
- 高度 $(h) = 610 \times 10^{-3}$ 米。

从最小的多米诺骨牌开始，骨牌链中后一块骨牌都比前一块的 1.5 倍小一点。注释⑥中提到，推倒多米诺骨牌 #1 所需的能量为 0.024×10^{-6} 焦耳（参考第 3 章注释④），多米诺骨牌 #13 倒下后所释放的能量约为 51 焦耳，这一能量被放大了约 20 亿倍！注释⑥中提到的物理学家说“计算这些能量很容易”，但却没有告诉我们是怎样计算的，所以我们就自己来计算吧。

图 11-4 是一枚多米诺骨牌的切面，其正面位于 y 轴上，下方的前缘经过原点（试想一下骨牌宽的一边与纸张垂直）。由于多米诺骨牌的对称性，我们知道，骨牌的重心 C 位于三维空间的组合中点。现在，假设一个力作用

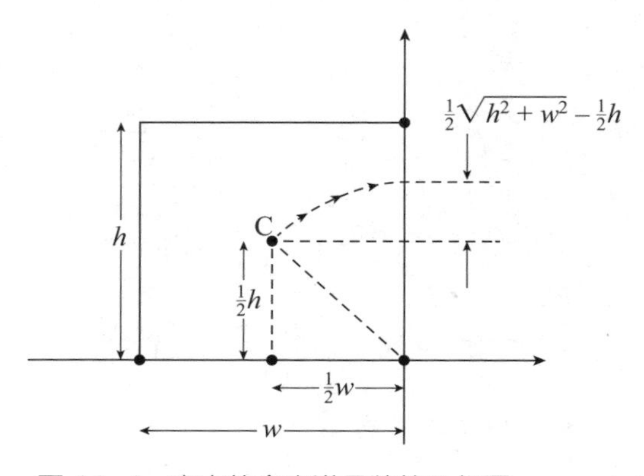

图 11-4　直立的多米诺骨牌的几何图

在多米诺骨牌的左面，这枚多米诺骨牌会开始围绕下方的前缘作顺时针转动，其重心显然也会上升至前缘的正上方。随着力的持续，这枚骨牌会继续旋转，直到 C 点超出前缘，骨牌就会倒下。

当 C 移到前缘的正上方时，其上升的距离为

$$\sqrt{\left(\frac{h}{2}\right)^2+\left(\frac{w}{2}\right)^2}-\frac{h}{2}=\frac{h}{2}\sqrt{1+\left(\frac{w}{h}\right)^2}-\frac{h}{2}=\frac{h}{2}\left[\sqrt{1+\left(\frac{w}{h}\right)^2}-1\right]$$

因此，多米诺骨牌的势能增加了

$$\Delta E=mg\Delta y=mg\frac{h}{2}\left[\sqrt{1+\left(\frac{w}{h}\right)^2}-1\right]$$

其中 m 是多米诺骨牌的质量，ΔE 是推倒多米诺骨牌所需的能量。质量 $m=\rho wlh$，ρ 是丙烯酸塑料的密度。快速上网查询一下，可知 ρ 的值在 1.15 ~ 1.2 克 / 立方米之间。这里取平均值 1.18 克 / 立方厘米，即 $1.18\times10^3\ \frac{千克}{立方米}$，因此，多米诺骨牌 #1 的质量为

$$\begin{aligned} m &= 1.19\times4.76\times9.53\times10^{-9}\text{立方米}\times1.18\times10^3\ \frac{\text{千克}}{\text{立方米}} \\ &= 63.7\times10^{-6}\text{千克} \end{aligned}$$

因此

$$\begin{aligned} \Delta E &= \frac{1}{2}\times63.7\times10^{-6}\text{千克}\times9.8\frac{\text{米}}{\text{秒}^2} \\ &\quad \times9.53\times10^{-3}\text{米}\left[\sqrt{1+\left(\frac{1.19\times10^{-3}}{9.53\times10^{-3}}\right)^2}-1\right] \\ &= 2\ 975\times10^{-9}\ \frac{\text{千克}\cdot\text{米}^2}{\text{秒}^2}(0.00777) \\ &= 23\times10^{-9}\text{焦耳} \\ &= 0.023\times10^{-6}\text{焦耳} \end{aligned}$$

这一结果与注释⑥中的物理学家提到的值很相近（这一能量非常小，“仅用一根细长的棉棒就能轻轻推倒这枚骨牌”）。

我们再来计算最大的一枚多米诺骨牌倒下时释放的能量。事实上，最开始推倒第一枚骨牌所需的能量与把重心上升到超出多米诺骨牌前缘所需的能量之和，再减去多米诺骨牌倒下后保留的势能，结果就是最后一枚多米诺骨牌倒下时释放的能量。因此，多米诺骨牌 #13 直立时的重心高度为 305×10^{-3} 米。当被多米诺骨牌 #12 撞击后，多米诺骨牌 #13 重心的高度上升至

$$\frac{1}{2}\sqrt{(610)^2+(76.2)^2} \times 10^{-3}\text{米} = 307.4 \times 10^{-3}\text{米}$$

当多米诺骨牌 #13 倒下后，原来的 w 面就是现在的 h 面，因此重心的高度为

$$38.1 \times 10^{-3}\text{米}$$

因此，多米诺骨牌势能的改变（减少）量为

$$\begin{aligned} mg\Delta y &= \rho wlhg\Delta y \\ &= 1.18 \times 10^3 \frac{\text{千克}}{\text{立方米}} \times 9.8 \frac{\text{米}}{\text{秒}^2} \\ &\quad \times 305 \times 76.2 \times 610 \times 10^{-9}\text{立方米} \\ &\quad \times (307.4 - 38.1) \times 10^{-3}\text{米} = 44\text{焦耳} \end{aligned}$$

这个结果与 51 焦耳比较“接近”，但其间的差距仍值得关注。是哪儿出了问题呢？我猜，注释⑥所说的物理学家只是做了一个粗略的计算，他忽略了倒下后的多米诺骨牌的重心的高度——并不是 0。也就是说，作者做了 $mg\Delta y$ 的计算，但 Δy 值用的却是 307.4×10^{-3}，而没有减去倒下的骨牌的重心的高度，这会导致算出的势能的减少量为该物理学家所说的 50.4 焦耳。

通过我们的计算，我们知道，倒下的多米诺骨牌 #13 释放的能量与推倒多米诺骨牌 #1 所耗的能量相比，放大倍数为

$$\frac{44}{0.023 \times 10^{-6}} = 1.9 \times 10^{9} = 1.9\text{亿}$$

这简直太令人印象深刻了！

注释

① 这句话是约翰逊一篇文章中巧妙的题记。约翰逊这篇文章的标题既提及了意大利的钱币，还提到了意大利比萨城最著名的建筑，即“比萨斜塔”。该文发表于《美国物理学杂志》1955 年 4 月刊第 240 页。

② 我们来做一个简单的证明：

$$\begin{aligned}\lim_{n\to\infty} S(n) &= 1+\frac{1}{2}+\frac{1}{3}+\frac{1}{4}+\frac{1}{5}+\frac{1}{6}+\frac{1}{7}+\frac{1}{8}+\cdots \\ &> 1+\frac{1}{2}+\left(\frac{1}{4}+\frac{1}{4}\right)+\left(\frac{1}{8}+\frac{1}{8}+\frac{1}{8}+\frac{1}{8}\right)+\cdots \\ &> 1+\frac{1}{2}+\frac{1}{2}+\frac{1}{2}+\cdots\end{aligned}$$

我们可以不断地用一个较小的总和等于 $\frac{1}{2}$ 的序列来替换原始序列中 $2^k(k \geq 1)$ 长度的序列，生成新的序列项，因而该数列总和的下限是无限大的

$$\lim_{n\to\infty} S(n) = \infty$$

③ 详见乔治·伽莫夫的《物质、地球和天空》(*Matter, Earth, and Sky*)(第 2 版) 第 20 页，由 *Prentice-Hall* 出版于 1965 年。实际上，伽莫夫只是简单提及了这一点，并没有如本书那样计算出 $S(n)$。

④ 这是一个庞大的数据（宇宙中恒星的数量也“仅”大约为 10^{22}，该数据远远超过这一值），显然无法只用计算机就算出调和级数的总和。关于计算方法的解释，请参考 R. P. 博厄斯（R. P. Boas）和 J. W. 伦奇（J. W. Wrench）合著的《调和级数的部分之和》(*Partial Sums of the Harmonic Series*)，发表于《美国数学月刊》(*American Mathematical Monthly*) 1971 年 10 月刊第 864—870 页。这篇文章第一次给出了 $S(n)$ 超过 50 时 n 的准确值：n =15092688622113788323693563264538101449859498。

你知道这个数应当怎么读吗？反正我不知道！

⑤ 详见莱昂纳德·艾斯纳《< 物理评论 > 中的斜塔》(*Leaning Tower of the Physical Reviews*)，《美国物理学杂志》1959 年 2 月刊第 121—122 页。

⑥ 有关多米诺骨牌的这一讨论受到了洛恩 · A. 怀特黑德（Lorne A. Whitehead）在这篇文章中的一条简短注释的启发。《多米诺骨牌的‘链式反应’》（*Domino* ‘*chain reaction*’），发表于《美国物理学杂志》1983 年 2 月刊第 182 页。

第12章

揭秘地球卫星

我“喜欢”和不懂科学的听众谈论太空。

首先，他们没法判断你所讲的是否正确；其次，他们对你所说的一无所知。

因此，他们只会惊讶不已，然后为你热烈鼓掌，认为你能讲述这么深奥的东西简直是太聪明了！我从未透露过，要让整件事情顺利，我们要做的所有事情只不过是让离心力和万有引力相等，并求出“卫星的”速度。如此而已！

——李·A. 杜布里奇[①]（Lee A. DuBridge）

我们很少会想到这些：密集地装满了电子设备的金属球像豪猪似的插满了天线，它们在我们头顶之上几百甚至几千英里处围绕着地球以每秒几英里的速度转动。然而，只要我们打电话，或者观看欧洲及中东地区的电视直播，或是在网上搜索信息，差不多都会用到通信卫星。很难想象，这些卫星在几十年前还只存在于“疯狂的科幻小说”中。而在这一章，我将向大家详细阐释杜布里奇校长的发言内容，给出关于这些现代科学中惊人的发明所运用的简单物理学中的三个计算公式。

第一颗近地轨道卫星的运行周期是多长？

第一个计算公式要追溯到1957年。这一年，苏联将世界上第一颗人造卫星（人造卫星1号）送入了近地轨道。这颗人造卫星距离地面的高度在132 ~ 582英里之间，每隔96.2分钟绕地飞行一周（称为“卫星运行周期”）。这个时间周期是利用牛顿关于万有引力的平方反比律可以直接计算出的结果，接下来我将向大家介绍如何计算。

虽然卫星的轨道实际上并不是圆形的，而是椭圆形的，但在这里，为了简化运算，我们把它当作圆形并作如下近似。地球的半径为 6 380 千米或者说 3 965 英里，这颗人造卫星距离地球中心的距离在 4 097 ~ 4 547 英里之间，即距离为 4 322 ± 225 英里或者说 4 322 ± 5% 英里（6 9545% 千米）。我们忽略 5% 的变量，对其取第一近似值，并将这颗卫星的轨道看作是半径 $R_s = 6.954 \times 10^6$ 米的圆形轨道。

设这颗人造卫星的质量为 m，地球的质量为 M。根据杜布里奇校长的指引，我们令人造卫星的重力加速度等于其离心加速度，即

$$\frac{\frac{GMm}{R_s^2}}{m} = \frac{v^2}{R_s}$$

其中 G 是万有引力常数，这我们在第 5 章中已经提过；v 是人造卫星的轨道速度。因此，

$$v = \sqrt{\frac{GM}{R_s}}$$

那么，这颗人造卫星的运行周期为

$$T = \frac{2\pi R_s}{v} = 2\pi R_s \sqrt{\frac{R_s}{GM}}$$

令 $G = 6.67 \times 10^{-11} \frac{\text{米}^3}{\text{千克}\cdot\text{秒}^2}$，$M = 5.98 \times 10^{24}$ 千克，可以得到

$$\begin{aligned} T &= 2\pi(6.954 \times 10^6 \text{米}) \\ &\quad \times \sqrt{\frac{6.954 \times 10^6 \text{米}}{\left(6.67 \times 10^{-11} \frac{\text{米}^3}{\text{千克}\cdot\text{秒}^2}\right)(5.98 \times 10^{24} \text{千克})}} \\ &= 43.693 \times 10^6 \sqrt{0.174 \times 10^{-7}} \text{秒} \\ &= 43.693 \times 10^6 \sqrt{174 \times 10^{-10}} \text{秒} \end{aligned}$$

$$= \quad 576 \times 10^6 \times 10^{-5}\text{秒} = 5\,760\text{秒}$$

$$= \quad 96\text{分钟}$$

不错！我们的计算结果与这颗卫星的实际运行周期非常吻合。

地球同步卫星的轨道有多高？

其实，对于通信卫星，近地轨道不是一个理想的轨道。例如，当人造卫星 1 号在人们的头顶上方周期性地在地平线之间移动时，在轨道下方地球上的任意一点，都有很长时间看不到这颗人造卫星。每当它不在人们的视线范围内时，人们就无法与它通信。只有当它回到人们的头顶之上时，人们才可以继续与它通讯。对通信而言，更有用的是固定在头顶上方不动的卫星，这样的卫星看起来好像一直在空中固定的地方盘旋。只有当人造卫星的位置足够高，轨道周期正好与地球的自转周期相同时，才会出现这样的情形。也就是说，这样的人造卫星应当位于和地球同步的轨道。那么，这个轨道有多高呢？

要回答这个问题，我们得先回到卫星的运行周期公式，即 T 关于 R_s 的函数，从而求得 R_s 的值。那么，由

$$T^2 = 4\pi^2 R_s^2 \frac{R_s}{GM} = 4\pi^2 \frac{R_s^3}{GM}$$

可得

$$R_s = \left(\frac{T^2 GM}{4\pi^2}\right)^{1/3}$$

因为赤道上方的地球同步卫星的轨道周期为 1 天（通过定义所得！），即 $T = 86\,400$ 秒，由此可得

$$R_s = \left[\frac{\left[\left(86\,400^2\text{秒}^2\right)\left(6.67\times10^{-11}\frac{\text{米}^3}{\text{千克}\cdot\text{秒}^2}\right)\times\left(5.98\times10^{24}\text{千克}\right)\right]}{4\pi^2}\right]^{\frac{1}{3}}$$

$$= \left[\frac{\left(8.64\times10^4\right)^2\left(6.67\times10^{-11}\right)\left(5.98\times10^{24}\right)}{4\pi^2}\right]^{1/3}\text{米}$$

$$= (75.42)^{1/3}\times10^7\text{米} = 4.225\times10^7\text{米} = 42\,250\,000\text{米}$$

$$= 26\,258\text{英里}$$

这是地球同步卫星和地球中心之间的距离。那么，卫星在地面上方的高度为

$$(26\,258 - 3\,965)\text{ 英里} = 22\,293\text{ 英里}$$

大功告成！

我们还有一种巧妙的方法来得出这个答案。首先，让我们想象一颗位于轨道中的地球同步卫星，它并不是地球唯一的卫星——月球事实上也是地球的卫星，我们会将月球纳入我们的考虑范围。其次，我们在第 5 章中讲述过的开普勒第三定律表明，对于一个拥有多个卫星且卫星与主星（在第 5 章中是太阳，在本章中是地球）的中心距离不同的系统，每个卫星的轨道周期的平方和轨道半长轴的立方成正比。我们已知月球中心与地球中心相距 239 000 英里，月球轨道周期的观测值为 27.3 天。地球同步卫星的轨道周期为 1 天，与地球中心的距离为 h。因此，根据开普勒第三定律可得到

$$\frac{(27.3)^2}{1^2} = \frac{(239\,000)^3}{h^3} = 745.29$$

其中 h 的单位是英里。因此，人造地球同步卫星与地球中心的距离为

$$h=\left(\frac{239\ 000^3}{745.29}\right)^{1/3}=\frac{239\ 000}{9.066}\text{英里}=26\ 362\text{英里}$$

那么，地球同步卫星距地面的高度为

$$(26\ 326-3\ 965)\text{ 英里}=22\ 361\text{ 英里}$$

嗯，这一结果与我们通过第一种方法得到的结果很相近。

卫星悖论：大气阻力竟会加快近地卫星的运行？

地球同步卫星所处的位置非常高，几乎不受大气阻力的影响，因此轨道十分稳定。然而，近地轨道的情况却并非如此，位于近地轨道的卫星会受到巨大的大气阻力。例如，人造卫星 1 号在轨道运行了 3 个月后就毁坏了，最终变为一团火球落回到地球上。

与大多数人的直觉相反，大气阻力不是减慢而是增加人造卫星的运行速度，这会不会让你感到惊讶？通常，我们习惯于认为阻力是一种减速力，但这并不适用于人造卫星。大气阻力令卫星加速运行的效应实在太令人吃惊，以至于常常被称为“卫星悖论”。

让我们来看看是怎么回事。设近地卫星遇到的大气阻力为 f_d。有意思的是，我们只需要知道这是一个（有关于轨道速度、卫星横截面积以及轨道高度上的大气密度的）正值函数，不需要知道其他任何细节。

首先，我们要计算卫星的总能量，即势能和动能之和（P.E.+K.E.）。

假设地球中心在坐标系中位于 $r=0$ 处，卫星与中心的距离为 $r=R_s$。我们将无穷远处作为势能零点（天文学分析中物理学家将此作为标准零势能参考点），设 F 为地球对于人造卫星的万有引力，那么，卫星的势能为

$$\begin{aligned}\text{P.E.}\quad&=\int_{\infty}^{R_s}F\mathrm{d}r=\int_{\infty}^{R_s}\frac{GMm}{r^2}\mathrm{d}r=GMm\\&\times\int_{\infty}^{R_s}\frac{\mathrm{d}r}{r^2}=GMm\left(-\frac{1}{\mathrm{r}}\right)\Bigg|_{\infty}^{R_s}=-\frac{GMm}{R_s}\end{aligned}$$

动能为

$$\text{K.E.} = \frac{1}{2}mv^2$$

其中 v 为轨道速度。如前所述

$$v = \sqrt{\frac{GM}{R_s}}$$

因此

$$\boxed{v^2 = \frac{GM}{R_s}}$$

那么

$$\text{K.E.} = \frac{1}{2}\frac{GMm}{R_s}$$

现在，我们已分别算出了卫星的势能和动能，那么，卫星的总能量为

$$E = -\frac{GMm}{R_s} + \frac{1}{2}\frac{GMm}{R_s} = -\frac{GMm}{2R_s}$$

我们将之前关于 v^2 的表达式代入，可得

$$E = -\frac{1}{2}mv^2 \tag{1}$$

人造卫星受到的大气的阻力，这毫无疑问会使人造卫星的能量不断被消耗。设人造卫星能量减小的速度（消耗的功率）为 vf_d（参考第 3 章注释②），即

$$\frac{\mathrm{d}E}{\mathrm{d}t} = -vf_d \tag{2}$$

我们之所以在右侧用了负号，是因为我们知道 $v f_d > 0$，而卫星的总能量在不断减小。

将式 (1) 变形可得

$$v^2 = -2\frac{E}{m}$$

所以，关于时间的微分为

$$2v\frac{\mathrm{d}v}{\mathrm{d}t} = -\frac{2}{m}\frac{\mathrm{d}E}{\mathrm{d}t}$$

$$\frac{\mathrm{d}v}{\mathrm{d}t} = -\frac{1}{mv}\frac{\mathrm{d}E}{\mathrm{d}t}$$

将式 (2) 代入上式，可以得到

$$\frac{\mathrm{d}v}{\mathrm{d}t} = -\frac{1}{mv}(-vf_d) = \frac{f_d}{m}$$

这一式子表明，人造卫星轨道速度的变化与阻力直接成正比。因为 f_d 和 m 是正值，所以 $\frac{\mathrm{d}v}{\mathrm{d}t} > 0$，这意味着，即使阻力不断消耗着人造卫星的能量，卫星的轨道速度也会不断增加！

第13章

竖梯困局

他在梦里看到了一架从地面通往天堂的梯子，

上帝的使者沿着梯子上去下来。

——《圣经 · 创世纪》

在《圣经》中，雅各布梦想着能有一架巨大的梯子连接天堂和人间，天使们可以沿着这个梯子上上下下，来往于两地之间（为什么不用翅膀呢？这已经不是物理学能回答的问题了）。然而，正如下文的分析所述，实际上哪怕是竖起一个矮得多的梯子也不是件容易的事。

每个家庭都会面临这样一个实际问题：为了搭救爬上屋顶的猫、拿掉烟囱里的死鸟或是清理屋檐，要竖起一架通往屋顶的梯子。一架屋顶梯往往既笨重且窄长，高度约为 20 ~ 30 英尺，非常重，可能重达 50 磅（约合 22.7 千克）。如果我们假设梯子事先是平躺在地面上的，怎样才能将它直立起来呢？当然在这个过程中，不能对它失去控制，也不能伤到自己或是砸到周边的建筑。如果数学家 G.H. 哈代（参考引子注释⑬）有理由思考这个竖起梯子爬上屋顶的问题，我想他一定会重新考虑他的那些贬低物理学对于普通人价值的言论。此外，我打赌，在哈代与世隔绝的生活中，绝不会遭遇竖起梯子爬上屋顶这样的事。

最易想到的方法最坑人

还是让我们来思考这个问题吧！一种方法（我已经无数次用过这种方法了）是先把梯子拉到屋子旁边，让梯子的底部靠着墙并与墙成直角，然后走到梯子的远端扶起梯子，这样当你走近墙壁时，就把"梯子竖起来了"。

很简单，对吧？对于第一次做这件事的人来说，这桩看起来安全无害的普通活儿实际上暗藏着"惊喜"，只要我们使用一些简单的物理知识对这个过程进行解析，就能发现这些"惊喜"。②

如图 13-1 所示，设一架长为 L 的梯子与地面形成的夹角为 θ。当梯子平放在地面上时，$\theta = 0°$；当梯子完全竖起来后，$\theta = 90°$（$\frac{\pi}{2}$弧度）。一个人在与梯子底部相距 x 的地方扶起梯子并向墙壁走近，从而把梯子竖起来。在此过程中，人需要在高于地面 H（H 为人的肩高）的固定高度上对梯子施加一个（垂直于梯子的）力 F，这个力与梯子底部的距离为 D，通过测量梯子可得到 D 的值。

假设这个人通过缓慢减小 x 的值（"走进梯子"）而将梯子竖起来，如果梯子的重量带来的使梯子顺时针旋转的趋势与人作用在梯子上的力 F 使梯子逆时针旋转的趋势正好平衡，那么图 13-1 所示的情况就是一个平衡状态。假

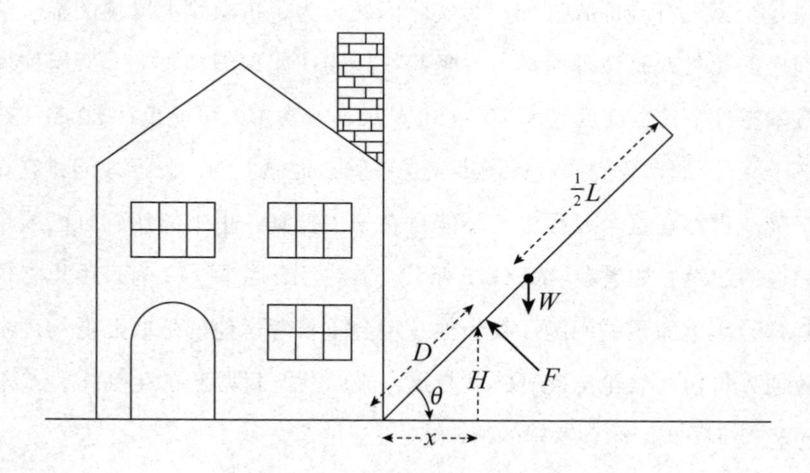

图 13-1 竖起梯子的几何图

设梯子的质量为 M 且沿着梯子的长度均匀分布，那么重力的作用点在梯子长度的$\frac{1}{2}L$处（重心），方向垂直向下。垂直于梯子的重力分量为 $W\cos(\theta)$，顺时针方向的扭矩则为$\frac{1}{2}WL\cos(\theta)$。因为逆时针方向的扭矩为 FD，所以在平衡状态下

$$FD = \frac{1}{2}WL\cos(\theta)$$

因此

$$F = \frac{WL\cos(\theta)}{2D}$$

或者由于

$$H = D\sin(\theta)$$

那么

$$D = \frac{H}{\sin(\theta)}$$

我们可以得到

$$F = \frac{WL\sin(\theta)\cos(\theta)}{2H}$$

由于

$$\sin(2\theta) = 2\sin(\theta)\cos(\theta)$$

代入可得

$$F = \frac{WL\sin(2\theta)}{4H}$$

最后，我们得到的这一结果包含了很多信息。你是否留意到，这个式子中唯一的变量为 θ，因为 W、L、H 都是固定的。因此，由于在 2θ 从 0° 变化到 90° 的过程中 $\sin(2\theta)$ 是一个不断增大的函数，所以，对于特定的梯

子而言，W、L、H 的值固定，当 $\theta = 45°$ 时，F 将达到最大值，这个最大的力[3]为

$$F_{\max} = \frac{WL}{4H}$$

例如，如果梯子长 30 英尺、重 50 磅，当梯子倾斜 45° 时（即当人与梯子底部的距离 $x = H = 5$ 英尺时），肩高 5 英尺的人作用在梯子上的力应为

$$\frac{30 \times 50}{4 \times 5}\text{磅} = 75\text{磅}$$

这个力大于梯子本身所受的重力！这是一个令大部分人感到惊讶的结果。

有一位业余无线电爱好者，需要将一个长为 60 英尺、重为 120 磅的天线塔竖起来，而这位业余无线电爱好者的肩高为 5 英尺，需要对天线塔施加的最大的力（此时 $\theta = 45°$，他距离梯子底部的距离为 5 英尺）为

$$\frac{60 \times 120}{4 \times 5}\text{磅} = 360\text{磅}$$

是天线塔重量的 3 倍！

你可能不得不原路返回

我们还有一种有趣的方法，即计算 F 关于 x 的函数，也就是说，计算所需的力关于人距梯子底部距离的函数。因为

$$\tan(\theta) = \frac{H}{x}$$

所以

$$\theta = \tan^{-1}\left(\frac{H}{x}\right)$$

因此

$$F = \frac{WL\sin\left\{2\tan^{-1}\left(\frac{H}{x}\right)\right\}}{4H}, \quad 0 \leq x \leq L$$

W、L、H 的值固定，当 x 变化时，很容易就能算出 F。图 13-2 表示了无线电业余爱好者竖起天线塔（H = 5 英尺，L = 60 英尺，W = 120 磅）的整个过程。

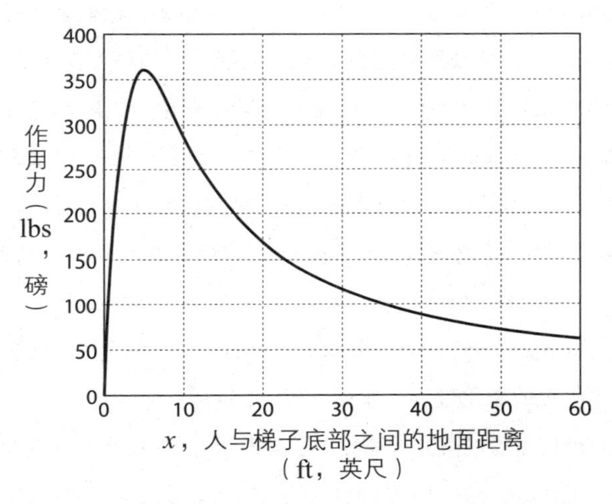

图 13-2　竖起一座重 120 磅、高 60 英尺的天线塔

正如这位业余无线电爱好者在其文章最后写的那样，这个问题真正的令人惊讶之处已被图 13-2 清晰地表达了出来："这条曲线意味着，在你行走'55 英尺'后，出现了你需要使出的最大的力！在这个节骨眼上，如果你难以承受这个负荷，认为自己应付不了这个天线塔，你面临的将是迫不得已而且漫长无比的原路返回。这是很常见的情况。即使你能承受 360 磅[4]，你还需记住，你仍得付出 100 磅以上的力走一段路。"因此，请那些准备爬上屋顶的屋主们多想想这条曲线吧！在行动之前，可得做好必要的心理准备。

注释

① 摘自李·A. 杜布里奇（加州理工学院院长）美国物理学会 1960 年春季会议宴会演讲。

② 这个问题受到我读过的一个故事的启发：一位无线电业余爱好者在竖起一个长 60 英尺、重 120 磅的天线塔时遇到了这个问题。详情请参考 P. B. 马修森（P. B. Mathewson）《你能通过步行就把信号塔安全地竖起来吗？》（*Walking Your Tower Up? Can You Do It Safely?*），发表于 QST 杂志，1980 年 3 月第 32—33 页。3 年后的 1983 年 9 月，罗伯特·L. 纽曼（Robert L. Neman）的文章也得到了同样的结果，详情请见发表于《物理学教师》（*The Physics Teacher*，1984 年 9 月刊）第 379—380 页的文章《实用力学：竖起桅杆》（*Practical Mechanics: Raising a Mast*）。

③ 这篇文章重复了先前在 QST 杂志上发表的文章（参考注释②）的结果。由于纽曼忽略了三角函数的简化过程，即 $\sin(2\theta)=2\sin(\theta)\cos(\theta)$，他的文章出现了不必要的复杂。当然，他还是通过微分运算找到了最大的力。一位来自丹麦的《物理学教师》的读者评论道（见 1984 年 9 月刊第 350 页），“（纽曼）使用相当冗长的运算……是没有必要的。”一个简单的物理学问题应当保持简单。在第 1 章末，我曾提到爱迪生和数学家的故事，这个故事有这样的寓意：如果可以用玩具枪（高中三角函数）解决问题，那就不要用加农炮（微积分）！纽曼的文章无疑为这一寓意又增添了范例。

④ 1 磅约等于 0.454 千克。

第14章

夜色温柔

科学没有悖论。

——开尔文男爵，《巴尔的摩演讲》[①]（*The Baltimore Lecture*）

夜空为何是黑色的？

本章要讨论的话题表明，那些看起来平淡无奇极为普通的现象却可能是物理学家问过的最深刻的问题。所以，让我们马上进入主题吧！这个主题与一个已有几百年历史的问题有关，乍一听会让人哑然失笑（或至少觉得非常多余）：为什么夜晚的天空是黑色的？（试着问问你的朋友，即使他接受过科学训练，你也很有可能会听到这样一个意料之中的答案："当然是黑色的了！你这个傻瓜，这是晚上啊！"）。只有在智者的眼中，这个问题才不会那么荒谬。[②]

毕竟，如果宇宙是无限的，无数颗恒星均匀地分布其中，那么每当你仰望宇宙，视线最终都会落到一颗恒星上（确实，在概率上必须如此，对这一点我稍后会作论述）。夜空不应当是漆黑一片，相反，应当辉煌灿烂、熠熠生辉，但事实上，夜空却并不是明亮的——为什么呢？解决这个问题有一个极简单的方法：只要否定宇宙（以及其中恒星的数量）是无限的即可！但那也会否定很多（这可不是闹着玩的）。一个无限的宇宙避免了"有限大的宇宙之外是什么”这类令人尴尬的问题。早期的神学家尤其喜欢无限宇宙的概念，因为这避免了上帝能力的界限之类的问题；他们还认为时间是无限的，以此避免“在有限的时间以前或在创造万物之前上帝在做些什么”之类同样闹心的问题。（有些聪明人会回答说“创造地狱”）。一些获得理论物理学博士学位的现代神学家对这些问题的看法则更为复杂。

夜空应当非常明亮，地球应当瞬间蒸发？

假设所有恒星的亮度与太阳相同，太阳的表面温度为 11 000°F，是一颗普通的恒星。基于如图 14-2 所示的非常简单的几何学论证，夜空应当非常明亮。实际上，通过这一论证我会告诉你们，不仅夜空应当非常明亮，整个宇宙的辐射强度可以立即让地球以及地球上的一切（包括我们）瞬间蒸发。

假设你自己是图 14-1 中的观测者，置身于无垠的宇宙中，而宇宙中又均匀分布着无数颗恒星。将宇宙分成多个同心壳（我们在此只计算两层壳的数据），每层宇宙球壳具有相同的深度（厚度）ΔR。球壳与观测者的距离为 R，其体积约为 $4\pi R^2\Delta R$（由于 $\Delta R \ll R$ 而做出的近似），这一体积与宇宙球壳中的恒星数量（图 14-1 所示球壳中的恒星）有直接的关系。

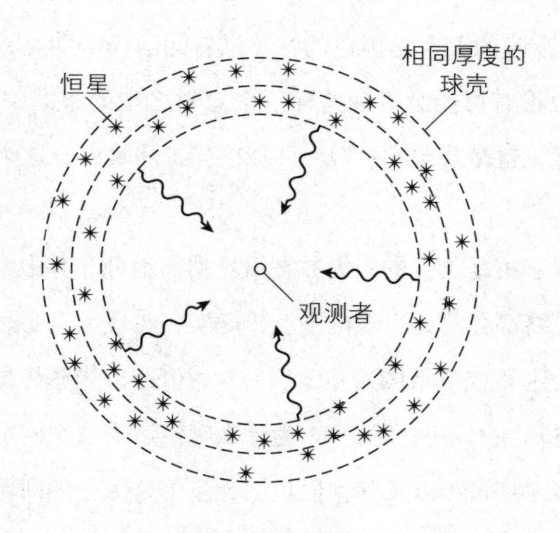

图 14-1 两层宇宙壳中的恒星

你在距离宇宙球壳 R 处观察到的恒星光度随着 $\frac{1}{R^2}$ 而变化，因此，你看到的所有宇宙球壳层中的恒星总的光强度随着 $(4\pi R^2 \Delta R)\frac{1}{R^2} = 4\pi \Delta R$ 的变化而变化。请留意，这个值是一个常数。也就是说，一层宇宙球壳内所有恒星的光强度与球壳和观测者之间的距离无关，而只与球壳的厚度有关。因此，因为宇宙可分为无数层球壳，所以观测者可以“看到”无限大的光强度。[③] 但事实上，我们却看不到强光，这就出现了一个悖论。但是开尔文男爵认为不会出现这样的事，一定存在某种解决方法。你不妨先想想这个问题，在本章末我会告诉你更多信息。

为了了解我最开始提到的夜空问题与概率的关联性，我们假设有一个普通的 xOy 坐标系。如果在该坐标系的第一象限的下半部分（线与 x 轴的夹角为 $\theta, 0 < \theta < 45°$ ）随机画一条直线，这条线从原点开始延伸至无穷远处，那么，这条直线穿过除了原点之外至少一个阵点（阵点是指具有整数坐标的点，所以点 (3, 7) 是阵点，但点 $(\pi, \sqrt{2})$ 不是阵点）的概率是多大？线和点的定义在此是纯数学的，即点在任何方向上都没有大小，线也不具有任何宽度。那么，这条直线穿过除了原点之外至少还穿过另一个阵点的可能性是多少呢？

可能性为零。[④] 原因如下。如果这条线穿过阵点 (x_k, y_k)，那么线与 x 轴的角度为 θ，而 $\tan(\theta)=\frac{y_k}{x_k}$ ，是一个大于 0 且小于 1 的有理数。但这个有理数是可计算出的，且有无穷多个值（即可与正整数的比值一一对应）。[⑤] 然而值得注意的是，如果在每个阵点上画一个半径为 ε 的圆圈（试想该圆圈穿过上述夜空问题中恒星的截面），那么不管 ε 有多小，只要 $\varepsilon >0$，任意画一条直线且令其穿过无数个圆圈的可能性为 100%。（要证明这一点并不麻烦！）

这一猜想似乎是避免“无限亮度”的关键。不幸的是，正如你即将看到的那样，我们只是成功地把夜空的亮度从“无限”减到了“仅为”恒星表面的亮度而已！是的，这的确是一个巨大的进步，但是还不够，我们人类仍不能幸免于宇宙熔炉。这个结果虽然可让人类免于在 10^{-30} 秒内被烤焦，但也只是让时间延后了 1 兆亿倍，或者说变成了 10^{-18} 秒。尽管这个时间仍然非常短，但我们或可从中得到些许安慰。

好吧，让我们来看看地核温度是如何从∞ °F 变化到 11 000°F 的（其中，11 000°F = 6 100°C）。其实很简单，只要引入“远望距离”概念即可。（稍后我会向你介绍如何计算这个距离。）

远望距离是指视线在遇到恒星表面之前可以到达多远。这颗恒星阻挡住了在它身后的所有恒星，所以你接收不到它身后其他无数恒星的光线。嗯，就是这样。不过，可别对这个解释寄予厚望，11 000°F 仍然非常热。

实际上，“阻挡”这个想法也行不通。德国天文学家奥伯斯（Heinrich Wilhelm Olbers，1758—1840）和法国天文学家塞索（Jean Philippe Loys de Chéseaux，1718—1751）都认同这个观点，但这是在物理学中发现能量守恒定律（19 世纪 40 年代）之前的事。能量守恒定律是“阻挡”猜想的致命缺陷，因为根据该定律，任何星际物质在吸收遥远的恒星的光能后温度都会上升，因此也会把吸收的能量再辐射给我们。而且，即使“阻挡”想法行得通，也没多大用处，原因如下所述。

爱德华·哈里森（Edward Harrison）在他的一本书（详见注释②）最后一章的注释中，以基础数学分析给出了一个非常漂亮的解释，说明了“满是恒星的天空”意味着什么，即使假设在我们看到的恒星的背后没有任何其他恒星。我想不出还能用何种更好的方式来表达他的描述，所以，正如哈里森所写：“整个天空的立体角是 4π 球面度 * 。整个天空覆盖着 $4 \times 180^2/\pi$ =41 253 平方度。太阳 0.27 度的角半径对应着略多于 0.22 平方度的面积。因此，整个天空的面积大约是太阳截面积的 180 000 倍。换句话说，明亮的宇宙对地球的辐射是太阳对地球辐射的 180 000 倍。”嗯，180 000 倍，这个数字并非无限大，但仍然很大，足以让地球瞬间蒸发。（这一结果由塞索最先计算出，请参考注释③）

那么，夜空究竟为什么是黑色的？

* 球面度是立体角的国际单位。1 球面度所对应的立体角所对应的球面表面积为 r^2。球表面积为 $4\pi r^2$，因此整个球有 4π 个球面度，即 = S/r^2。

爱伦·坡：当诗人玩起了科学

哈里森在对大量历史资料做了研究后，认为关于这个问题的现代答案可以追溯至 19 世纪的美国诗人埃德加·艾伦·坡（Edgar Allan Poe，1809—1849）！具体来说，是追溯到了其出版于 1848 年的长篇（超过 100 页）作品《我发现了：一首散文诗》（*Eureka: A Prose Poem*）。坡的想法很简单：宇宙十分巨大，而恒星又十分遥远，恒星的光线自其诞生之时起也没有足够的时间到达地球，它穿过的距离就是可见宇宙的尽头，而宇宙正在以光速远离地球。这个简洁的想法立刻摆脱了无限明亮的夜空这一灾难，但是却令夜空变得更加明亮（也更为酷热），因为有更多恒星变得可见了。

坡的猜想可以解释夜空问题的一部分，但是《我发现了：一首散文诗》这本书中谈论了太多有关上帝的事，并鼓励科学家们认真对待上帝。书中充斥着大量算数，坡不断地抛出数字，为读者展现宇宙的庞大，他还鼓励不是科学家的读者尽力读懂这些数据。欧文·斯特林厄姆（Irving Stringham，1847—1909）是加利福尼亚大学伯克利分校的数学教授，他在阅读并分析了《我发现了：一首散文诗》之后，代表科学界给出了对此作品的评价："坡认为自己是已经灭绝了的生物，是最高秩序的通才，他写这篇文章是为了证明自己在哲学和科学方面的才能……坡只是成功地证明了天才也会进错领域。"[6] 换句话说，坡应该专注于诗歌和短篇小说，把天文学问题留给天文学家。我认为这一评价有点过于刻薄（在我看来，《我发现了：一首散文诗》是一部让人神魂颠倒的作品），但这确实反映了很多科学家对坡的看法。

可见宇宙的大小是解决黑夜问题的关键，而坡不是唯一持有这种想法的人。例如，美国理论物理学家弗兰克·蒂普勒（Frank Tipler）认为，德国天文学家约翰·海因里希·冯·麦德勒（Johann Heinrich Mädler，1794—1874）在 1861 年就解决了"黑夜"问题。（显然，坡阅读了麦德勒的早期作品，因为他在《我发现了：一首散文诗》中提到过好几次。）麦德勒在《通俗天文学》（*Popular Astronomy*）第 5 版中写道："由于光速是有限的，从恒星诞生之初到现在的时间也是有限的，因此我们只能接收到天体在有限的时间内传播过来的光线。天空的深色背景也可以以这种方法来解释，也有必要用这种方法做出解释，而不是假设光线被挡住了。因此，人们不应该再说被阻挡的恒星的光线没有传播过来，而是应该说，恒星的一些光线还没有传播过来。”⑦

开尔文男爵的宇宙

坡和麦德勒的方向是正确的，但他们并没有深入研究黑夜问题。哈里森发现了一篇开尔文男爵发表于 1901 年（哈里森的书中收录了该文章）但是长期以来不受关注的文章（显然刚发表时也没引起什么注意），这是又一个令人印象深刻的学术发现。我们可以从中了解到关于黑夜问题的最后一部分答案——恒星不会永远发光，恒星的生命是有限的。所以，我们只能在有限的时间里看到恒星发出来的光线。

开尔文在维多利亚时代声名显赫，部分原因在于他计算出了太阳的年龄。他的估计（不超过 5 亿年，很可能只有 5 000 万年）太过保守，因为他对为太阳提供能量的核反应一无所知。⑧然而，具体数字并不重要，只要它是有限的就可以了。今天的人们认为太阳已经大约 50 亿岁了，而且也只能再发光 50 亿年。不过，请注意，这个关于天体年龄的重要概念所包含的意思是，尽管 100 亿年“十分漫长”，但它仍然的有限的。而开尔文早先的工作让这个猜想（依据是“无懈可击的动力学”）在他的脑中已转化为事实。

为了理解开尔文在其 1901 年发表的文章中提出的想法，我们假设地球的周围是无垠的宇宙，宇宙中均匀分布着无数恒星。假设坡信奉的上帝同时打开了所有恒星的“开关”，离地球最近的恒星的光线能“迅速”到达地球，较远处的恒星的光线最终也会到达地球并与先到达的光线汇聚。然而，大约 100 亿年后，最近的恒星不再发光，会开始出现（以地球为中心的）由很多暗星构成的宇宙球壳。然而，到那时候，100 亿光年以外的恒星发出的光线才刚刚抵达地球，正好取代了最近的恒星变暗后失去的光线。由此，到达地球的所有光线会汇聚起来，达到一个夜空中所有星光的平衡状态。平衡状态时的夜空有多亮呢？根据开尔文的计算，一点都不亮。下面是开尔文利用几何学和一些代数知识以及简单的微积分计算出的夜空亮度。

让我们玩点更酷的：算出夜空的亮度！

假设所有恒星大小相同，半径为 a，它们随机且均匀地分布于宇宙中，分布密度为每单位体积 n 颗恒星。那么，我们可以以地球为中心构建一个半径为 q、厚度为 $\mathrm{d}q$ 的宇宙球壳，位于这个球壳中的恒星数量等于球壳体积与 n 的乘积，即 $4\pi q^2\mathrm{d}q\,n$。那么，被这个球壳中的恒星的横截面所覆盖的球壳总表面积为

$$\left(\pi a^2\right)\left(4\pi q^2\mathrm{d}q\,n\right)=4\pi^2 na^2q^2\,\mathrm{d}q$$

将这一覆盖面积除以球壳总面积，即得到被球壳中恒星阻挡了视线的远处的天空面积

$$f=\frac{4\pi^2na^2q^2\mathrm{d}q}{4\pi q^2}=\pi na^2\,\mathrm{d}q$$

记 $\sigma=\pi a^2$ 为一颗恒星的横截面，因此

$$f=n\sigma\,\mathrm{d}q$$

令 q 的范围为 $0\sim r$，那么，被半径为 r 的球体里所有嵌套的球壳阻挡住视线的天空的面积为

$$\int_0^r f\,\mathrm{d}q=\int_0^r n\sigma\,\mathrm{d}q=n\sigma r=\frac{r}{\lambda},\quad \lambda=\frac{1}{n\sigma}$$

其中 λ 为前文提及的远望距离。

在这个计算式中，我忽略了（正如开尔文公开承认的一样）近处恒星和远处恒星重叠的现象，他认为这样的现象是“极其罕见”的。

为了得到 λ 的值，我们需要知道 n 的值。假设半径为 r 的宇宙球体中有 N 颗恒星。

那么

$$n = \frac{N}{\frac{4}{3}\pi r^3} = \frac{3N}{4\pi r^3}$$

因此

$$n\sigma r = \left(\frac{3N}{4\pi r^3}\right)\left(\pi a^2\right) r = \frac{3N}{4}\left(\frac{a}{r}\right)^2$$

N 是覆盖天空的恒星数量。关于 N 的值，开尔文写作之时采用的是 19 世纪和 20 世纪之交时人们持有的普遍观点：单个银河系就是宇宙。在他去世以后，关于宇宙的现代观点才出现：宇宙是由 10^{11} 个星系组成的，每个星系有 10^{11} 颗恒星（总共有 10^{22} 颗恒星！）。对于开尔文而言，只有银河系中有 10^9 颗恒星，分布于半径为 3.09×10^{16} 千米（3 300 光年）的球体中，因而密度为

$$\begin{aligned} \mathrm{n} &= \frac{3 \times 10^9}{4\pi (3.3 \times 10^3)^3} \text{恒星/立方光年} \\ &= 0.0066 \text{恒星/立方光年} \end{aligned}$$

也就是说，平均每 150 立方光年里有 1 颗恒星。

乍一看，你可能会觉得这样的分布密度不算高，但是如果深思，你可能会发现问题所在。这个密度相当于 10 颗恒星随机散落在 1 500 立方光年里，或者换句话说，散落在半径为 7.1 光年的球体内部。现在，测量这些恒星之间彼此“相距多近”的最令人满意的方法就是一颗恒星与最近的邻居之间的距离的平均值。也就是说，在这 10 颗恒星中，任意一颗恒星离最近的恒星的平均距离是多少？（请注意，邻近不意味着相互邻近，也就是说，如果离 A 最近的是 B，离 B 最近的未必是 A。）这是一个概率问题，如果你具备

的数学知识比我在本书中要求的稍多一些，就能准确无误地解决这个问题，而我在这里只打算告诉你答案⑨：如果我们把其中一颗恒星作为半径为 r 的宇宙球体的中心，那么它与最近的恒星的平均距离为 $0.4191r$（结果为 3 光年，因为 $r = 7.1$ 光年）。作为比较，离太阳最近的一颗恒星是一颗红矮星，名为“比邻星”，是半人马座 α 星三星系统中的一颗，与太阳之间的距离为 4.3 光年。

太阳的半径为 7×10^5 千米，或者转换成光年（光速为 3×10^8 米 / 秒）为

$$
\begin{aligned}
a &= \frac{7 \times 10^8 \text{米}}{3 \times 10^8 \frac{\text{米}}{\text{秒}} \times 3\ 600 \frac{\text{秒}}{\text{小时}} \times 24 \frac{\text{小时}}{\text{天}} \times 365 \frac{\text{天}}{\text{年}}} \\
&= 7.4 \times 10^{-8} \text{光年}
\end{aligned}
$$

因此，太阳的横截面积为

$$
\begin{aligned}
\sigma &= \pi \left(7.4 \times 10^{-8}\right)^2 \text{光年}^2 \\
&= 1.72 \times 10^{-14} \text{光年}^2
\end{aligned}
$$

其中开尔文的宇宙概念中的远望距离为

$$
\lambda = \frac{1}{(0.0066)(1.72 \times 10^{-14})} \text{光年} = 8.8 \times 10^{15} \text{光年}
$$

换句话说，当你望向开尔文假设的宇宙的夜空时，你的视线要穿过近 9 万亿光年才能到达一颗恒星的表面。更不可思议的是（如果这可能发生的话），你将看到恒星在 9 万亿年以前发出的光芒。但宇宙的年龄也没那么大，因此，实际上你什么都看不到，夜空就是黑色的。

有多大一片天空可能被 N 颗恒星覆盖？

为了实实在在地得出这一结论，我们用开尔文的表达式来计算有 N 颗恒星覆盖的天空 $n\sigma r$ 的区域占整个天空的比例，可以得到

$$n\sigma r = \frac{3N}{4}\left(\frac{a}{r}\right)^2 = \frac{3\times10^9}{4}\left(\frac{7.4\times10^{-8}}{3.3\times10^3}\right)^2 = 3.8\times10^{-13}$$

这只是个小缝隙！当然我们可以改变 N 和 r 的值。今天的人们认为 N 要远大于 10^9，r 要远大于 3 300 光年，将这两个数据代入，最后的结果看起来也不会有多大变化。正如开尔文自己总结的那样：“似乎不可能有足够的恒星……来组成一个都是恒星的区域，该区域大于整个天空的 10^{-12} 或 10^{-11}。”

那么，当下一次你的恋人紧紧地依偎着你，赞叹星光熠熠的夜空是多么浪漫时，你可以这么回应她：“你知道为什么夜空常常是黑暗的吗？为什么夜空不会挤满了星星？让我来告诉你这背后的故事吧！这是因为……”

看看，这些知识对你多有用处啊！

注释

①《巴尔的摩演讲》的作者是开尔文男爵，即英国的威廉·汤姆森教授（William Thomson，1824—1907）。该书是开尔文男爵于 1884 年 10 月在约翰·霍普金斯大学所做的一系列演讲的速记合集。

② 在德国天文学家海因里希·奥伯斯提出这一问题后，该问题就经常（错误地）以“奥伯斯佯谬”之名被许多科学家讨论。实际上，在比这还早两个世纪的 1610 年，开普勒（参考第 5 章）就提出了这一问题。然而，直到牛顿的朋友埃德蒙·哈雷（Edmond Halley，1656—1742）于 1772 年在一篇发表的文章中讨论这个问题，该问题才首次见于文字（不过，奥伯斯在 1823 年的文章中指出了哈雷的错误）。爱德华·哈里森探究了人们对于黑夜问题的研究历史，并出版了自己杰出的作品《夜之黑暗》（*Darkness at Night*），哈佛大学出版社 1987 年出版，其中收录了哈雷和奥伯斯的文章。

③ 瑞士天文学家让 - 菲利普·洛伊斯·德·塞索提出了这一论证，他将自己的论证写在了 1744 年出版的一本关于彗星的书的附录上，所以直到多年以后，人们才发现了这一论证。哈里森在他的书中（见注释②）引用了塞索的论证。

④“可能性为零”并不是说通过阵点的直线不存在，因为，你显然可以画出无数条这样的线，只是没有通过阵点的线更多。一个不可能事件的可能性确实为 0，但是反过来却不成立。

⑤ 可参考我的书《逻辑学家和工程师》（*The Logician and the Engineer*）（普林斯顿大学出版社，2013 年，第 168—173 页），你可以找到只涉及高中知识的论述过程。

⑥ 引自《埃德加·艾伦·坡作品十卷》（*The Works of Edgar Allen Poe in Ten Volumes*）（卷 9），E.C. 斯特德曼和 G. E. 伍德伯里（编），*Colonial* 公司，1903 年，第 312 页。

⑦ 引自弗兰克 J·蒂普勒《约翰·麦德勒的奥伯斯佯谬革命》（*Johann Mädler's Resolution of Olbers'Paradox*），发表于《英国皇家天文学会季刊》（*Quarterly Journal of the Royal Astronomical Society*）1988 年 9 月刊第 313—325 页。

⑧ 包括太阳在内的所有恒星均由内部的核裂变反应提供能量。在开尔文生活的时代，还没有这些关于核反应的知识（出现在开尔文去世后），所以开尔文只能思考其他方式的恒星能量来源机制。在那个时代，最可能的关于恒星能量源的解释是星际气体云在引力作用下的收缩。这种解释认为，在收缩过程中，坍缩气体的势能转化为气体分子不断增加的动能，因而加热气体并使其发光。不过，出乎意料的是，今天的人们认为引力收缩是恒星形成的原因，引力收缩把坍缩的气体云加热到裂变反应开始发生的点，从而阻止气体云继续坍缩。这样看来，开尔文并不是完全错误的。读者可以在我的《帕金斯夫人的电热毯》（普林斯顿大学出版社，2009 年，第 157—162 页）一书中找到一些有关开尔文所做的计算的细节。

⑨ 在我的《帕金斯夫人的电热毯》（详见注释⑧）第 285—298 页及第 365—366 页可找到完整的分析。

第15章

漂浮的秘密

在水中，钢铁也会浮起，

就像木头做的小舟。

——希普顿[1]的预言

一则悲惨的湖中谋杀案引起的漂浮问题

在这一章的开始，我们举个犯罪行为的例子吧！

银行抢劫犯鲍勃是一个犯罪高手，最近被他的黑社会老大抓住了，因为他抢劫银行后将所有赃款一股脑儿私吞了，一毛钱都没有上交。所以鲍勃现在站在一片大湖泊湖心的小船上，双脚陷在一大桶正在硬化的水泥中，水泥没至脚踝处。他的两个十恶不赦的“同事”——纵火犯弗雷德和恶棍汤姆，从老大那里接到了命令，要将他抛入湖中。

就在他们要把鲍勃丢进水里之前，弗雷德对汤姆说：“嘿，汤姆，在我学会怎么放火之前，曾在州立大学学习过物理学，现在的情景让我想起了那时候的一道作业题目。咱俩把鲍勃扔进水里，他就会沉到湖底，那么这个湖的水平面是会上升还是下降呢？”

汤姆在州立大学念书的时候极为闲散，最终被迫退学，所以他想了想这个问题，还是满头雾水。毕竟，当鲍勃掉进湖里后会排出一些水，这会导致水平面上升。但是，一旦鲍勃离开小船，小船会浮得更高，因此小船排开的水也会更少，这会导致水平面下降。那么，这两种效果中哪一个起的作用会更大？

汤姆并不是特别聪明，但作为一个恶棍，他还算诚实，因此回答道："呃，弗雷德，我不知道。"但汤姆不是个傻子，他想到了一个很好的办法。"在我们把鲍勃扔到湖里之前以及扔到湖里之后，都测量一下湖的水平面吧。"小船旁边正好有一根直立的杆，一头露出湖面，一头埋在湖底，汤姆从裤袋里掏出一截粉笔，在杆上做了标记，以示水平面的位置。汤姆说："看啊，弗雷德！我们要做的就是观察把鲍勃扔进水里后水平面是在这条粉笔线的上方还是下方，这样就搞定了！"弗雷德理解这个方法背后的逻辑，认为汤姆的想法行得通。甚至对于此刻身临险境的鲍勃（在向黑暗的邪恶势力屈服之前，他在州立大学主修数学）而言，也觉得这个问题十分有趣。当他被两位"同事"扛向小船边缘时，还想发表自己对此问题的看法，但他的看法我们已无从得知了。

现在，让我们从侦察者的角度思考，把注意力集中到弗雷德的问题上：水平面会上升还是下降（又或者不变）？

或者，我们再考虑一下这种情形：汤姆和弗雷德，不愿意用极端的方式终结老伙计鲍勃的性命，于是决定在遵守老大命令的同时，给鲍勃最后一线存活的希望。他们去掉了水泥，只把鲍勃扔进了水里，因此鲍勃并没有下沉，而是浮了起来。在这种情况下，水平面又会如何变化呢？

裸男与疑似掺假的王冠

要解决这些问题，需要依据最古老的物理学定律之一：发现于公元前3世纪的阿基米德原理。关于这个原理有一个非常著名的故事。相传西西里岛锡拉库扎的希伦王二世制作了一顶纯金王冠，但他怀疑王冠掺假：金匠会不会偷走了一些黄金，并且为了掩盖行窃行为，用相同重量的银或其他金属来代替私吞的黄金呢？希伦王二世召见了阿基米德（Archimedes，前287—前212），让他为自己解决这个棘手的问题。下面的故事几乎会出现在所有的物理课本上：阿基米德冥思苦想，在某一天跨进澡盆洗澡的时候灵光一现，发现了解决这个问题的办法。他太过兴奋，一下子从水里跳了出来，没穿衣服就跑到街上大喊“我发现了！”。然而，这位伟大的科学家解决这个问题的具体方法究竟是什么仍然是个谜，因为他什么也没有记录下来。事实上，直到两个世纪以后，罗马建筑学家马可·维特鲁威（Marcus Vitruvius）在《建筑学》（*On Architecture*）一书中才首次提及了“国王的王冠”这个故事。[②] 阿基米德浮力原理描述起来很容易：一个浮在液体上或者完全浸入液体中的物体会受到浮力的作用，浮力的大小与该物体排开的液体的重力相等。当一个物体完全浸入液体后，所排开的液体的体积当然就是该物体的体积。

在物理课本中，往往通过考虑液体的压力如何随深度的变化而变化来解释阿基米德浮力原理，从而计算出作用于物体上的净向上的力（向上，或者上浮，因为物体底部表面受到的压力要大于物体任何其他地方受到的压力）。[③]

以数学分析法解决“残忍”情形下的水位问题

下面，我将用分析性的方法来应用这一原理，从而解决上文中与水平面变化相关的两个问题。也就是说，我会用到一些算式。有些论述派学者对这种方法不屑一顾，喜欢用纯文字来得出结论。我曾遇到的一位作家为了表明自己的观点说了这样的话：“当然，只有对数学着魔的物理学家在遇到这类问题时，才会立刻抛出一堆算式并对它们进行求解。”

这样不好吗？当你遇到比“把鲍勃扔下湖”难得多的问题，或者遇到无法通过简单的文字说明就能够解决的问题，这就是你必须做的事。（在看完本章前，我会给你展示一个“阿基米德问题”的例子，在这个例子中使用分析性的方法是必不可少的。）因此，为了向你们展示如何用分析性的方法解决上述两个与“把鲍勃扔下湖”相关的简单物理学问题，我会列出几个算式（不是“一堆”算式），你会看到这个过程是如何既迅速又系统地得到答案的，而且整个过程非常顺利。

先来看第一个问题。

图 15-1 表示汤姆和弗雷德把鲍勃和水泥一起扔进湖里之前鲍勃的位置。设船、汤姆和弗雷德的重量之和为 W，鲍勃和水泥的重量之和为 M。

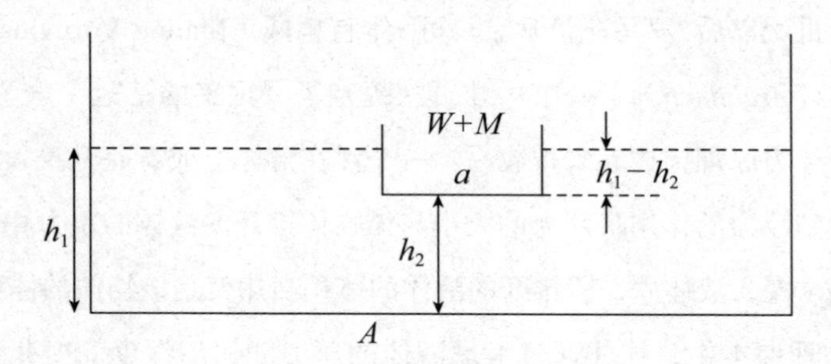

图 15-1 被水泥困住的鲍勃掉下船之前

设水的密度为 ρ_w，鲍勃和水泥的密度为 ρ，且 $\rho > \rho_w$（因为鲍勃和水泥是下沉的）。船的横截面（垂直方向的面）为 a，湖的横截面（垂直方向的面）为 A。我们在此假设湖底非常平整，湖的水平面高为 h_1，船底和湖底的距离为 h_2，其中 $h_1 > h_2$。

当然，正在发生的事对于鲍勃来说是非常残酷的，但是作为沉着冷静的分析型物理学家，让我们不再把鲍勃看作一个人，而是看作与“鲍勃 + 水泥”这个组合排出的水体积相等的一个物体。实际上，鲍勃和水泥沉在湖底后的形状并不规则，但为了易于理解排水情形，让我们假设鲍勃和水泥均匀地平摊在整个湖底，厚度为 T（相当规整）。图 15-2 表示鲍勃为自己的行为付出代价后的情况。

现在，让我们冷静执着地展开分析。我们列出的第一个等式和“水量守恒”相关，即鲍勃被扔进湖之前和扔进湖之后，湖的总水量相等。

因此

$$(A-a)\,h_1 + ah_2 = (A-a)\,h_3 + ah_4 \tag{1}$$

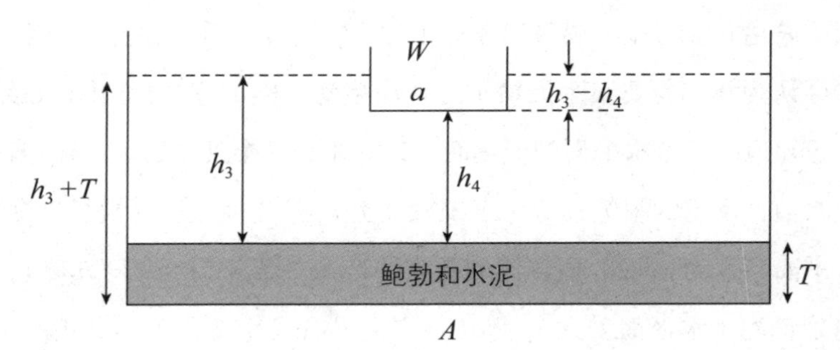

图 15-2 被水泥困住的鲍勃掉下船之后

在鲍勃被扔进湖之前，船和三个人的重量为 $W+M$。由于船和三个人是浮着的，根据阿基米德原理可得，其排水量重为 $W+M$。水的密度为 ρ_w，因此，该重量的水的体积为 $\frac{W+M}{\rho_w}$ 而排开的水的体积又等于 $a(h_1-h_2)$，由此可以得到

$$a(h_1-h_2)=\frac{W+M}{\rho_w} \tag{2}$$

在鲍勃被扔进湖之后，船和两个人（只有弗雷德和汤姆，鲍勃不在船上了）的重量为 W，由于船和两个人是浮着的，我们根据与得到等式 (2) 的相同的理由，可以得到

$$a(h_3-h_4)=\frac{W}{\rho_w} \tag{3}$$

最后，因为水泥和鲍勃的重量为 M，密度为 ρ，所以其体积为 $\frac{M}{\rho}$，与 AT 相等（均匀分布于整个湖底的"鲍勃 + 水泥"组合的体积）。因此

$$T=\frac{M}{\rho A} \tag{4}$$

现在，请仔细记住我们要算的量。我们有 3 个等式 (1)、(2)、(3)，4 个未知量 h_1、h_2、h_3、h_4，以及辅助式 (4)，(4) 不是等式，只是 T 与 3 个已知

量的关系表达式。可是，要算出 4 个未知量，得 4 个等式才行。怎么办呢？你可能会认为我们也要束手无策了（就像鲍勃一样），但情况并非如此！因为我们想知道的只是水平面的变化而已，并非每一个具体的量。在鲍勃被扔进湖里之前，汤姆的粉笔标记位于湖底之上 h_1 的高度，鲍勃被扔进湖之后，新的水平面高度为 h_3+T，所以我们要算的是 $h_1-(h_3+T)=h_1-h_3-T$，看看这个值是负的（水平面上升）、零（水平面没有发生变化）还是正的（水平面下降）。我们要分析的只是两个未知量之差（h_1 和 h_3，T 不是未知量），所以有 4 个未知量的 3 个等式已经足以完成任务了。就这样，我们把这个物理问题转化为简单的代数问题。

由式 (1) 得

$$h_1+\frac{a}{A-a}h_2=h_3+\frac{a}{A-a}h_4$$

变形可得

$$h_1-h_3=\frac{a}{A-a}h_4-\frac{a}{A-a}h_2 \tag{5}$$

由式 (2) 得

$$h_1-h_2=\frac{W+M}{a\rho_w}$$

由式 (3) 得

$$h_3-h_4=\frac{W}{a\rho_w}$$

因此

$$\begin{aligned} h_2 &= h_1-\frac{W+M}{a\rho_w} \\ h_4 &= h_3-\frac{W}{a\rho_w} \end{aligned}$$

把这些结果代入式 (5) 中的 h_2 和 h_4，可以得到

$$\begin{aligned} h_1 - h_3 &= \frac{a}{A-a}\left(h_3 - \frac{W}{a\rho_w}\right) - \frac{a}{A-a}\left(h_1 - \frac{W+M}{a\rho_w}\right) \\ &= \frac{a}{A-a}h_3 - \frac{W}{(A-a)\rho_w} - \frac{a}{A-a}h_1 + \frac{W+M}{(A-a)\rho_w} \\ &= \frac{a}{A-a}h_3 - \frac{a}{A-a}h_1 + \frac{M}{(A-a)\rho_w} \end{aligned}$$

因此

$$h_1 + \frac{a}{A-a}h_1 = h_3 + \frac{a}{A-a}h_3 + \frac{M}{(A-a)\rho_w}$$

或

$$h_1\left(1 + \frac{a}{A-a}\right) = h_3\left(1 + \frac{a}{A-a}\right) + \frac{M}{(A-a)\rho_w}$$

或

$$h_1\frac{A}{A-a} = h_3\frac{A}{A-a} + \frac{M}{(A-a)\rho_w}$$

或

$$h_1 A = h_3 A + \frac{M}{\rho_w}$$

或

$$h_1 - h_3 = \frac{M}{A\rho_w}$$

最后，根据式 (4) 可以得到

$$h_1 - h_3 - T = \frac{M}{A\rho_w} - \frac{M}{A\rho} = \frac{M}{A}\left(\frac{1}{\rho_w} - \frac{1}{\rho}\right) = \frac{M}{A}\left(\frac{\rho - \rho_w}{\rho\rho_w}\right) > 0$$

因为 $\rho > \rho_w$，因此弗雷德的问题的答案是，在鲍勃和水泥一起被扔下船之后，湖的水平面会下降。分析性方法的另一个优点是，如果我们知道 M、

A 和 ρ 的具体值（物理常数表中可以找到 ρ_w 的值），就可以计算出水平面到底下降了多少。

纯文字方法的局限

那么，回顾一下本章开始时我还提到过的分析性方法之外的一种方法，即“用纯文字来得出结论”。下面我们来试试这种方法。假设鲍勃和水泥非常致密，对于给定的重量 M，几乎没什么体积。因此，当鲍勃和水泥掉下去后，对于船而言，船会浮得更高（这一行为导致水平面下降）。另一方面，当鲍勃沉入湖底时却几乎没有排开多少水，因此鲍勃和水泥被扔进湖中几乎不会对水平面产生任何影响。这两个方面相加，最后的结果正如我们计算得出的结果那样，净效应就是水平面下降。这种思路很讨巧，但只适用于极端例子。我们如何知道这个结果会一直正确呢？分析性方法则避免了这个问题。并且，使用分析性方法，我们证明了只要 $\rho > \rho_w$，无论 W、M、A 的值是多少，水平面都会下降，最后的结果甚至能告诉我们水平面下降了多少。

以数学分析法解决“仁慈”情形下的水位问题

现在，刚才提出的第一个问题获得了圆满的解决，现在我们再来看第二个问题。由于弗雷德和汤姆拿掉了水泥，鲍勃被丢进湖里后浮在了水面上，此时水平面的情况又是怎样的？

图 15-3 表示“鲍勃被扔下去后浮在水面上”的情况。未知量 h_1、h_2、h_3、h_4 和之前一样，但现在又多了一个新的未知量 h_5（鲍勃浮在湖面时与湖底的距离）。

令人奇怪的是，尽管增加了一个未知量，很多聪明的读者可能已经发现，这个情况和之前的情况相比，结果更加“明显”，理由如下：鲍勃被扔下船之前，他人在船里，和船一起漂浮着；在被扔下船之后，他自己漂浮着。在这两种情况下，鲍勃都漂浮在水面，而湖是不“知道”鲍勃是否在船里的。因此，水平面应该不会改变。

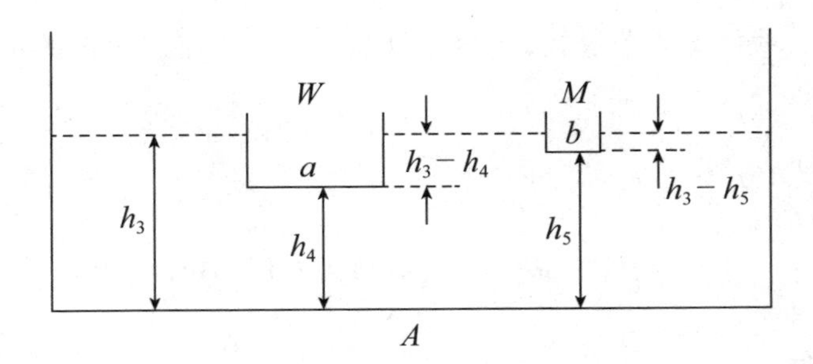

图 15-3　鲍勃被扔下船后浮在水面上

事实上，这个结论是正确的，稍后我会用分析性方法对这个结果做出解释。然而，我敢打赌，如果你向 100 个人询问这个问题，肯定会有一些人对答案无法确定。但是，只要你向这 100 个人展示经过逐层分析得到的结果，我敢打赌没人会再怀疑答案。所以，让我们再来做一次分析性解答吧。

如图 15-3 所示，假设鲍勃垂直水面漂浮着，其横截面面积为 b。

根据水量守恒可得

$$(A-a)h_1+ah_2=ah_4+bh_5+(A-a-b)h_3 \tag{6}$$

式 (2) 仍然成立，因此可

$$a(h_1-h_2)=\frac{W+M}{\rho_w} \tag{7}$$

式 (3) 也仍然成立，因此

$$a(\mathrm{h}_3-h_4)=\frac{W}{\rho_w} \tag{8}$$

最后，对于漂浮的鲍勃，我们可得如下物理学等式：

$$(h_3-h_5)b=\frac{M}{\rho_w} \tag{9}$$

因此，我们有 4 个等式，5 个未知量，可以用来求出湖的水平面变化 $h_1 - h_3$。

根据式 (6)

$$(A-a)h_1 + ah_2 = ah_4 + bh_5 + (A-a)h_3 - bh_3$$

变形得

$$(A-a)h_1 + ah_2 = ah_4 + (A-a)h_3 + b(h_5 - h_3) \tag{10}$$

根据式 (9)，

$$h_3 - h_5 = \frac{M}{b\rho_w}$$

变形得

$$h_5 - h_3 = -\frac{M}{b\rho_w} \tag{11}$$

把 (11) 代入 (10)，可得

$$(A-a)h_1 + ah_2 = ah_4 + (A-a)h_3 - \frac{M}{\rho_w}$$

或

$$(A-a)h_1 - (A-a)h_3 = ah_4 - ah_2 - \frac{M}{\rho_w}$$

或

$$(A-a)(h_1 - h_3) = a(h_4 - h_2) - \frac{M}{\rho_w}$$

因此

$$h_1 - h_3 = \frac{a}{A-a}(h_4 - h_2) - \frac{M}{(A-a)\rho_w} \tag{12}$$

根据式 (7) 可得

$$h_1 - h_2 = \frac{W+M}{a\rho_w}$$

根据式 (8) 可得

$$h_3 - h_4 = \frac{W}{a\rho_w}$$

因此

$$(h_1 - h_2) - (h_3 - h_4) = \frac{W+M}{a\rho_w} - \frac{W}{a\rho_w} = \frac{M}{a\rho_w}$$

对左边稍作整理后可以得到

$$(h_1 - h_3) - (h_4 - h_2) = \frac{M}{a\rho_w}$$

因此

$$h_4 - h_2 = \frac{M}{a\rho_w} - (h_1 - h_3)$$

把这一等式代入 (12) 得到

$$
\begin{aligned}
h_1 - h_3 &= \frac{a}{A-a}\left[\frac{M}{a\rho_w} - (h_1 - h_3)\right] - \frac{M}{(A-a)\rho_w} \\
&= \frac{M}{(A-a)\rho_w} - \frac{a}{A-a}(h_1 - h_3)
\end{aligned}
$$

$$
-\frac{M}{(A-a)\rho_w} = -\frac{a}{A-a}(h_1 - h_3)
$$

其中，因为 $\frac{a}{A-a} \neq 0$，这意味着 $h_1 - h_3 = 0$，因此 $h_1 = h_3$。也就是说，只要鲍勃浮在水面上而不是沉入湖底，那么水平面就不会发生变化。

厨房小实验：使容器中的球体漂浮起来的水量

关于阿基米德原理的这一章马上就要结束了，接下来我会给大家展示一个有意思的“简单物理学”问题，如果你愿意的话，可以在厨房的水槽中展开这个实验。

我第一次看到这个具有挑战性的问题是在《美国物理学杂志》上，遗憾的是，发明这个问题的人所用的解决方法是错误的。[4] 幸运的是，有一位读者在几个月之后就发表了正确的方法，我会在这里使用这位读者的方法，但会做一些改变。[5] 你可能会再次发现，用纯文字来得出结论不再够用，但扎实的数学知识（只是高中代数和大学一年级微积分！）是必需的。

假设你有一个底面半径为 R 的空的圆柱形容器，有一个半径为 r 的球体放在该容器的底部。（显然 $r < R$，否则球体无法放进去。）球体的密度为 ρ，不知道 ρ 的具体值，但知道 ρ 比水的密度小。也就是说，如果你开始往容器中加水，该球体最终会漂浮起来。那么问题来了：刚好令该球体离开容器底部漂浮起来所需的水量是多少呢？

图 15-4 是该问题的几何图。设球体刚要漂浮起来时，容器中的水位为 h。图中所示的水位高于球体中心，但是“刚刚浮起来”时的 h 值显然取决于 ρ 和 r。我们可以选择合适的单位，以使水的密度为 1，那么 $0 < \rho < 1$。现在，我们可以着手分析了。

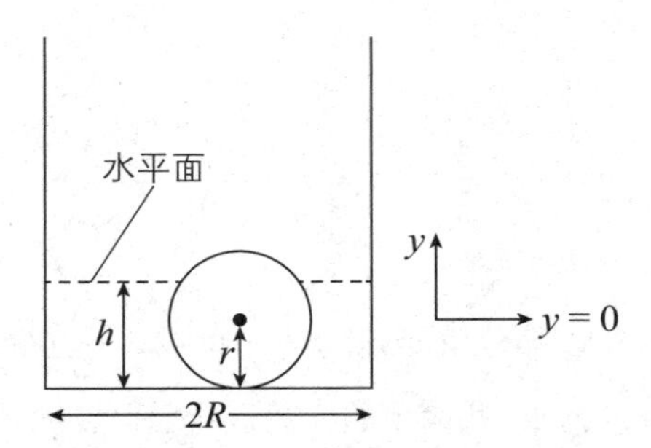

图 15-4　一个在圆柱体容器中“刚好漂浮起来”的球体

假设 v 为容器中的水的体积，v_s 为球体浸入水中的部分，那么

$$v = \pi R^2 h - v_s \tag{13}$$

水的深度 h 有两种可能，即 $h \geq r$（如图 15-4 所示）和 $h < r$。对于 $h \geq r$ 可以得到

$$v_s = \frac{2}{3}\pi r^3 + \int_0^{h-r} \pi(r^2 - y^2)\,\mathrm{d}y = \pi\frac{3rh^2 - h^3}{3}, \quad h \geq r$$

等式右边第一项为球体下半部分的体积，积分部分⑥为球体中心以上仍然浸在水里的体积，y 是距球体中心的距离（球体中心 $y = 0$）。

请注意，这个 v_s 表达式显示出问题的两个方面：第一，当 $h = 2r\,(v_s = \frac{4}{3}\pi r^3)$ 时，答案是正确的；第二，当 $h < r$ 时，答案也是正确的。你可以直接列出 $h < r$ 情况下 v_s 的积分式来验证这一答案（我知道你会）。那么，根据式 (13) 可以得到

$$v_s = \pi\frac{3rh^2 - h^3}{3}, \quad 0 \leq h \leq 2r \tag{14}$$

那么，根据阿基米德浮力原理可以得到，当球体排出的水的重量与球体的重量相等时，该球体刚好浮起来。因此，由于水的密度为 1，我们可以列

出如下算式：

$$\frac{4}{3}\pi r^3\rho = \pi\frac{3rh^2 - h^3}{3} \tag{15}$$

其中式 (15) 的左边部分就是该球体的重量，右边部分的 h 就是球体刚好浮起来时的水深。经过一些简单的代数运算，可以把式 (15) 转换为

$$r^3 - r\frac{3h^2}{4\rho} + \frac{h^3}{4\rho} = 0 \tag{16}$$

那么，“大”问题来了：对于这个三次方程，我们该怎么办？

我们可以跟着注释⑤中作者的思路走。该作者解析了这个三次方程的三个根，表明当 $\rho < 1$ 时有三个实数解，但只有一个才在“物理学上”有意义。（作者没有说明怎样才算是在“物理学上”有意义，我稍后会对此作进一步的解释。）

然而，解析式 (16) 所涉及的代数运算十分复杂（尽管一个非常出色的高中数学优等生可以理解），所以我将采用不同的方法。

首先，重述一下前文提到过的一个通过简单的观察就可以发现的现象：你能放入容器底部的最大球体的半径为 $r = R$。因此，对于一个给定的 $\rho < 1$ 的值，h 从 $0.01R$ 变化至 $2R$，每次的变化量为 $0.01R$，让我们（在电脑上⑦）迭代计算 r 的值。

也就是说，令 h 从容器中几乎没有水变化至水刚好完全浸没整个球体，在这之间一定存在一个 h 值，让任何能放进该容器的球体都会浮起来。如果假设 R 为长度单位，那么 h 以每次 0.01 的幅度从 0.01 变化至 2，可以得到 200 个 h 的值。

根据 200 个 h 的值，可以解析 r 的等式 (16)，因此我们就得到了 200 对 (r, h) 的值，可以对给定的 ρ 画出一条 r 与 h 的关联曲线。

图 15-5 表示 $\rho = 0.8$（随机选择）时的情况，你可以观察其中一个例子，如果 h=1（单位 R），该密度下刚好浮起来的球体半径为 $r = 0.7$（更精确地

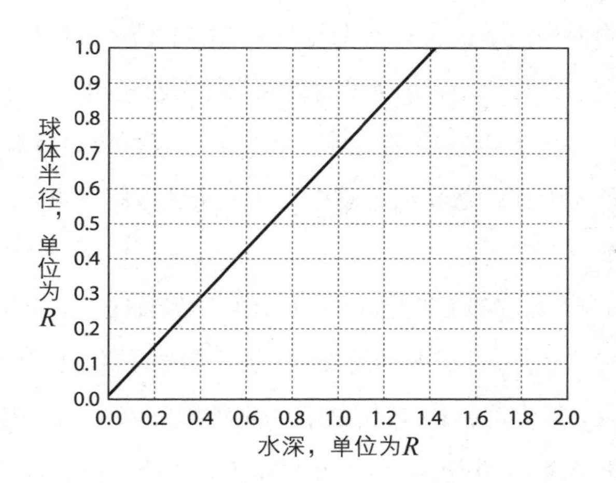

图 15-5 $\rho = 0.8$ 时 r 与 h 的关系

说应为 0.7014），单位仍然是 R。

这里有一个小问题（很快我们就能得到答案）。对于 h=1，还存在另一个 r 的值满足等式 (16)，即 $r = 0.4033$。你可以通过把 $r = 0.4033$、$h = 1$ 及 $\rho = 0.8$ 代入 (16) 来验证。那么，为什么图 15-5 中不是这个 r 的值呢？因为它不具备“物理学意义”！原因如下所述。

有实系数的所有三次方程（如 (16)）都有三个解，或是实数，或是共轭复数对中的一个。[8] 因此，(16) 有一个实数解、两个共轭复数解，或者是三个实数解。但是不可能是两个实数解和一个共轭复数对解，因为共轭复数是成对出现的。要给出一个三次方程的形式并不困难：

$$r^3 - pr + q = 0$$

其中 p 和 q 都是正的（如 (16)），总会出现一个负的实数解[9]，我们不会采用这个解，因为它不具有物理学意义。（毕竟，你最近一次看到半径为复数的球体是什么时候呢？）也就是说，从本段一开始，其他两个解要么是共轭复数对，要么是两个实数。

如果这两个解是共轭复数对，那么我们也不会采用，因为这不符合物理实际，一个共轭复数的半径至少和一个负数半径一样糟糕。但是，这一可能性不会发生在 (16) 中，因为从物理学意义上我们知道，对于每个 h 值，肯定会有某一球体（某个 r）浮起来。因此，可以得知 (16) 有 3 个实数解。而且，注释⑨中提到的解析表示总会存在一个负数解，也表示另外两个实数解都是正数。

然而,两个实数解都是正数也不足以让它们都通过“符合实际物理意义”这一要求。实际上，一个正数解需要满足两个附加条件才能算作符合实际物理意义。正数 r 不能大于 1（单位 R），否则将如前文所述，该球体无法被放入容器中。你会说 $r = 0.7014$ 和 $r = 0.4033$ 都比 1 小，所以都符合这一条件。但是 $r = 0.4033$ 不符合最后一项条件，你想到了吗？

要成为一个在物理学上有意义的解，一个满足 (16) 的 r 的正数解必须使 $h < 2r$。也就是说，球体在完全浸没之前应开始漂浮。如果当球体完全浸没后仍未浮起，那么它也不会因为你往容器中加入了更多的水而突然浮起来。$r = 0.4033$ 这个解不符合这一标准，因为 $h = 1 > 0.8066$。图 15-5 所示的 $r = 0.7014$ 这个解符合了有关符合实际物理学意义的最后一个要求（$h = 1 < 1.4028$）。总而言之，当 $\rho < 1$ 时，对于每个 h 都存在唯一一个符合实际物理学意义的 r 的值。

那么现在，让我们回到最初的问题：往容器中加多少水才能让球体开始漂浮？一旦给定 ρ 和 h 就可以得到 r。只要把 r 和 h 代入 (14) 就可以得到 v_s，把 v_s 代入 (13) 就可以得到 v。如此而已。

注释

① 传说中生活在 17 世纪英国约克郡的女巫。

② 物理学家应当如何看待阿基米德的贡献？关于这一问题的有趣争论可参考莉莲·哈特曼·侯德森（Lillian Hartmann Hoddeson）的文章《阿基米德是如何解决希伦王的王冠难题的？——一个未解之谜》（*How Did Archimedes Solve King Hiero's Crown Problem?—An Unanswered Question*），发表于《物理学教师》1972 年 1 月刊第 14—18 页。

③ 出乎意料的是，维特鲁威明确暗示，浮力和国王的王冠没有任何关系。维特鲁威写道："（阿基米德）碰巧在洗澡的时候发现，当他坐进浴缸后排出的浴缸的水的体积等于他浸在水中的身体部分的体积。"因此，根据维特鲁威的观点，阿基米德发现的是通过排水量来测量复杂物体（如国王的王冠）体积的方法。（你是否记起了第 1 章末提到的爱迪生的故事？）由于密度不同，同样重量的金和银的排水体积也不同。这种方法的关键要素是排水体积而不是浮力。

④ 请参考理查德·拉皮德斯（Richard Lapidus）撰写的《漂浮的球体》（*Floating Sphere*），发表于《美国物理学杂志》1985 年 3 月刊第 1035—1036 页。

⑤ 请参考劳伦斯·路比（Lawrence Ruby）撰写的《球体漂浮问题》（*Floating Sphere Problem*），发表于《美国物理学杂志》1985 年 11 月刊第 1035—1036 页。

⑥ 在几乎所有大学一年级的微积分课本中，这是一个标准的体积积分例子，这里就不再详细介绍这一积分了。不过，为了验证答案，你可以计算一下这个积分。

⑦ 本书是一本物理学读物，而不是一本电脑编程教材，但如果你好奇，我可以告诉你我用 MATLAB 软件进行了数学特性分析。如果你真的特别好奇，写信给我，我会告诉你怎样编写生成图 15-5 的代码。

⑧ 这是根据方程论（不涉及物理学）的纯数学论证得到的结果，你可以在和该主题相关的书籍上找到更多信息。作为物理学家，我们信任数学家朋友，并把这个结果当作事实。

⑨ 你能证明这一点吗？这是纯数学的（不涉及物理学）。如果你无法证明但又非常好奇，写信给我，我会回信给你，告诉你一个既简单又简短的解析过程。

第16章

往复运动

公共汽车的轮子转啊转，转啊转……

车上的人们上上下下，上上下下……

——一首幼儿园歌曲的歌词[①]

一个简单的内燃机装置

图16-1表示的是什么呢？嗯，总之，和旋转有关就对了。事实上，这是一个利用三角学、几何学（以及一点点微积分知识）解决重要工程物理学问题的典型案例。设想有如下一个装置：曲柄 AB 长度为 r，以恒定角速度 ω 弧度/秒逆时针绕轴 A 转动；转动时 B 点以恒定速度沿着半径为 r 的圆圈做圆周运动。同时，B 又通过一根长为 l 的连杆与 C 点以铰链的方式相连；C 点有一个活塞销，可以让相连的活塞通过连杆沿着 x 轴来回运动。图16-1就是这样一个装置的横截面。

如上所述，活塞的运动是由于某种外部能量（比如浸在流水中的涡轮机）作用到曲柄上令曲柄转动而引起的，因此，整个装置可以看成是一个泵。另一方面，曲柄也能旋转（可以驱动汽车的变速器和车轮），因为气缸中的活塞可被快速燃烧的汽油蒸汽的能量所驱动。这种情况下该装置就是一个简单的内燃机。不管是什么情况，只要曲柄旋转，我们就可计算活塞销的位置、速度和加速度。

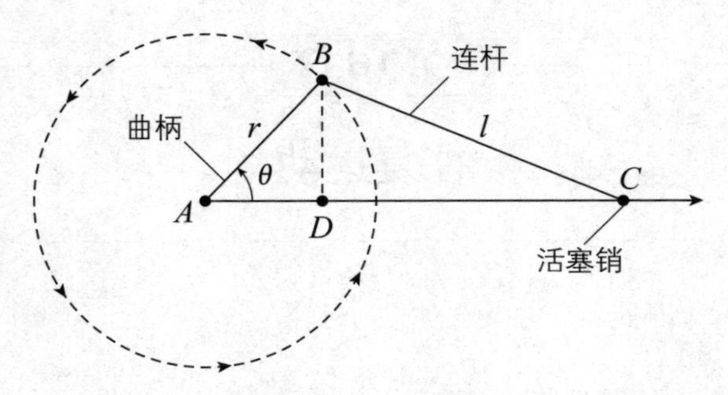

图 16-1 曲柄 / 连杆 / 活塞销几何图

活塞销的位置、速度和加速度

根据图 16-1 所示几何图，可以列出从 A 点测量的活塞销的位置为

$$x(t) = \overline{AD} + \overline{DC}$$

此处请小心啦，由于我们可以将 x 记为 $x = x(t)$，而 $\theta = \theta(t) = \omega t$，所以我们可以得到

$$\overline{AD} = r\cos(\theta)$$

根据勾股定理，可得

$$\overline{BD}^2 + \overline{DC}^2 = l^2$$

其中

$$\overline{BD} = r\sin(\theta)$$

代入可得

$$x(t) = r\cos(\theta) + \sqrt{l^2 - r^2\sin^2(\theta)} = r\cos(\theta) + l\sqrt{1 - \left(\frac{r}{l}\right)^2 \sin^2(\theta)}$$

或

$$\frac{x(t)}{l} = \left(\frac{r}{l}\right)\cos(\theta) + \sqrt{1 - \left(\frac{r}{l}\right)^2 \sin^2(\theta)}, \qquad \theta = \omega t$$

上面框中这个关于 $\frac{x(t)}{l}$ 的等式展示了关于标准化变量的一个有用的小技巧：活塞销的位置和连杆的长度有关。也就是说，连杆的长度对活塞销的位置有影响。

为了求出活塞销的速度，对 $x(t)$ 的表达式——不是标准化的 $\frac{x(t)}{l}$ ——进行微分，可得

$$\frac{\mathrm{d}x}{\mathrm{d}t} = -r\sin(\theta)\frac{\mathrm{d}\theta}{\mathrm{d}t} + \frac{1}{2}\left\{l^2 - r^2\sin^2(\theta)\right\}^{-1/2}\left\{-2r^2\sin(\theta)\cos(\theta)\frac{\mathrm{d}\theta}{\mathrm{d}t}\right\}$$

经过简单的代数运算，可以得到

$$\frac{\mathrm{d}x}{\mathrm{d}t} = -\omega r\sin(\theta) - \frac{\omega r r\sin(\theta)\cos(\theta)}{l\sqrt{1 - \left(\frac{r}{l}\right)^2\sin^2(\theta)}}$$

B 在 $\frac{2\pi}{\omega}$ 秒内完整运动一周所经过的距离为 $2\pi r$，因此 B 的速度为

$$\frac{2\pi r}{\frac{2\pi}{\omega}} = \omega r$$

用速度单位来标准化活塞销的速度，即标准化的活塞销速度为

$$\frac{\frac{\mathrm{d}x}{\mathrm{d}t}}{\omega r} = -\sin(\theta)\left\{1 + \frac{\left(\frac{r}{l}\right)\sin(\theta)\cos(\theta)}{\sqrt{1 - \left(\frac{r}{l}\right)^2\sin^2(\theta)}}\right\}, \qquad \theta = \omega t$$

最后，为了得到活塞销的加速度，对 $\frac{\mathrm{d}x}{\mathrm{d}t}$ 微分

$$\frac{\mathrm{d}^2x}{\mathrm{d}t^2} = -\omega r\cos(\theta)\frac{\mathrm{d}\theta}{\mathrm{d}t} - r^2\omega \times \frac{\mathrm{T}(\theta)}{l^2 - r^2\sin^2(\theta)}$$

其中，$T(\theta)$ 等于

$$\sqrt{l^2 - r^2\sin^2(\theta)}\left\{\cos^2(\theta)\frac{d\theta}{dt} - \sin^2(\theta)\frac{d\theta}{dt}\right\} - \sin(\theta)\cos(\theta)\frac{1}{2}$$
$$\times\left\{l^2 - r^2\sin^2(\theta)\right\}^{-1/2}\left\{-2r^2\sin(\theta)\cos(\theta)\frac{d\theta}{dt}\right\}$$

经过一些简单的代数运算后，上式被简化成

$$\frac{d^2x}{dt^2} = -\omega^2 r\left[\cos(\theta) + \left(\frac{r}{l}\right)\frac{\cos(2\theta) + \left(\frac{r}{l}\right)^2\sin^4(\theta)}{\left\{1 - \left(\frac{r}{l}\right)^2\sin^2(\theta)\right\}^{3/2}}\right]$$

正如之前的两次，现在对加速度进行标准化，即 $\omega^2 r$（可以核对加速度的单位，② 本书第 5 章把这称为向心加速度）。因此，活塞销的标准化加速度为

$$\boxed{\frac{\frac{d^2x}{dt^2}}{\omega^2 r} = -\left[\cos(\theta) + \left(\frac{r}{l}\right)\frac{\cos(2\theta) + \left(\frac{r}{l}\right)^2\sin^4(\theta)}{\left\{1 - \left(\frac{r}{l}\right)^2\sin^2(\theta)\right\}^{3/2}}\right],\quad \theta = \omega t}$$

图 16-2 是关于两个标准化参数 $\frac{r}{l}$ 值 $(\frac{1}{2}, \frac{1}{3})$ 活塞销的标准化位置、速度和加速度表达式的曲线图。水平轴表示自变量角度 θ 而不是时间，用来表示完整旋转一周过程中的角度变化，因为多数汽车制造商用这个参数来规定内燃机的适当点火时间。例如，在时间规格表中，技工会看到“12 度 BTDC 时设置”这样的表述，这可以翻译成“在压缩冲程的上止点之前，当活塞位于 12 度时，点燃火花塞”。对于机械设计工程师而言，这些曲线图十分有用，有助于选择具有一定强度的金属，使之可以承受曲柄 / 连杆 / 活塞销组件的预期速度和加速度。

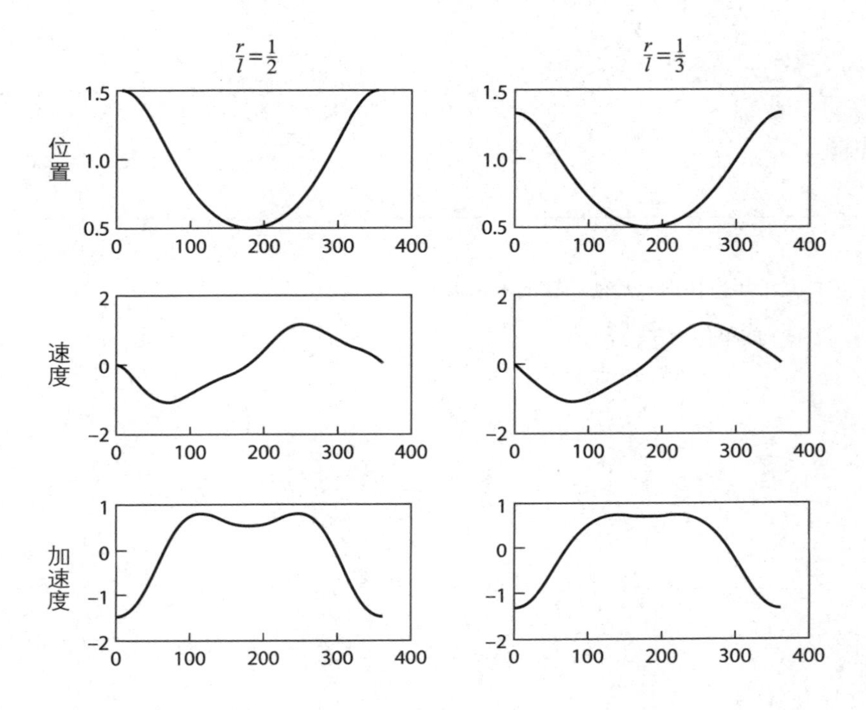

图 16-2 两个 r/l 值下的活塞销的位置、速度和加速度

注释

① 几十年来快把学龄前小孩的家长逼疯了。

② $\omega^2 r$ 的单位为 $\frac{弧度^2 \cdot 米}{秒^2}$。

第 17 章

接住棒球

物理学定律应具有数学之美。

——保罗·狄拉克[1]（Paul Dirac）

好的物理学应当是美丽的，反则未必

在本章中，你将看到如何根据三角学与物理学的结合得出的迷人的理论成果，来解释棒球运动中同样迷人（但又出乎意料地常见）的事件。啊，“解释”这个词用在此处也许不够恰当，因为这样一来，狄拉克的观点（好的物理学应当是美丽的）虽然没有遭到否认，但却有了“如果将狄拉克的观点反过来（美丽的物理学是好的物理学）则未必正确”的味道。

嗯，因为我接下来要解释的理论因其简单性而显得十分美丽，那么，这个理论是否是好的呢？

这个问题最初是由美国电气工程师万尼瓦尔·布什（Vannevar Bush，1890—1974）在其《当球棒遇见棒球》（*When Bat Meets Ball*）一文中提出的。他写道：“威利·梅斯（Willie Mays）只要瞥一眼飞行的棒球，就能刚好在正确的时间跑到正确的位置，在肩膀上方一下子击中球。没人知道他是如何做到的，甚至连威利·梅斯本人都不知道。”[2] 即使对于像我这样的认为每场棒球赛都差不多的人，这一特别的体育盛宴也是有可看之处的。然而，在布什发表这篇文章的第二年，一位名叫查普曼的分析学家认为，这个问题可以简化为纯数学问题。查普曼写道:“它看起来并不是完完全全不可思议的。”[3] 他宣称，可以把这个问题看作是一个简单的“知道了运动规律后预测目标物的运动轨迹”问题,或者“天文学家和弹道导弹防御工程师的标准预测”问题。

做一名优秀的棒球手：视线仰角的正切值随时间线性增加

查普曼的论述如下。

“假设棒球以初速度 V 离开球棒(原点),与地面的角度为 θ。众所周知……在任何时间点 t，垂直方向和水平方向的位移（即棒球的 y 和 x 坐标）为

$$
\begin{aligned}
y &= V\sin(\theta)t - \frac{1}{2}gt^2 \\
x &= V\cos(\theta)t
\end{aligned}
$$

其中 g 为重力加速度。”

只要你稍微细心一点就会发现，如果我们像查普曼一样忽略空气阻力，那么当棒球离开球棒时，棒球受到的唯一的力就是竖直向下的重力。因此，棒球在水平方向上的速度 $V\cos(\theta)$ 永远不会改变。因此，我们得到了前面关于 x 的方程。然而，由于重力作用，棒球在竖直方向上的速度分量 $V\sin(\theta)$ 不断减小，因此可以得到

$$
\frac{\mathrm{d}y}{\mathrm{d}t} = V\sin(\theta) - gt
$$

根据此式，很容易就能积分得到查普曼上述关于 y 的方程式。[4] 接下来,查普曼让读者思考如图 17-1 所示的例子。击球员位于坐标系的原点位置，外场手很幸运地位于棒球最终落下的地方（这一特殊条件会让人轻松一点），与击球手的距离为 R。因此，外场手实际上看不到棒球的抛物线轨迹，但是在外场手看来，棒球是在一个竖直的平面上先上升后下降的，从击球手传到了外场手。在这种情况下，外场手是否能找到一些视觉化的提示，从而得知

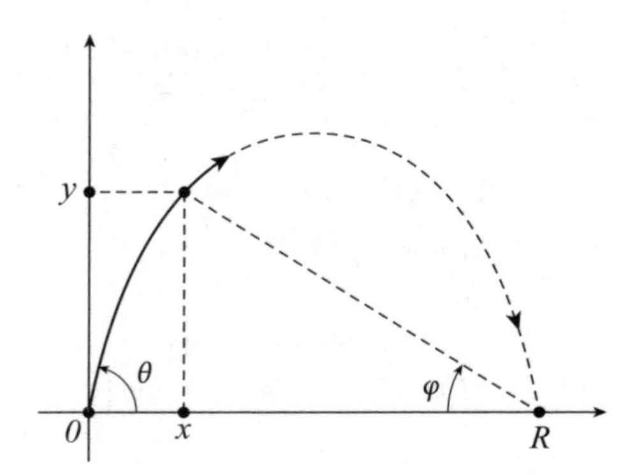

图 17-1　棒球被击中后正好飞向外场手

棒球正好能飞向他？这是外场手面临的最困难的问题，而查普曼认为自己可以回答这个问题。

如图 17-1 所示，外场手看向棒球的视线与地面的角度为 φ，外场手与击球手的距离为 R（其中 R 点是棒球落向地面的位置）。查普曼只是在列出上述关于 x 和 y 方程式后根据“适当代数运算”写出了答案，而没有给出中间步骤，但是在下文中我会向大家介绍查普曼是如何计算的。

首先，假设棒球落到地面所需的时间 $t = T$（即外场手抓住棒球的时间）。因为 $y(T) = 0$，由此可得

$$V\sin(\theta)T - \frac{1}{2}gT^2 = 0$$

由于 $T > 0$，可以得到

$$T = \frac{2V\sin(\theta)}{g}$$

把这个结果代入上述关于 x 的方程式，因为 $x(T) = R$，可以得到

$$R = \frac{2V^2\sin(\theta)\cos(\theta)}{g}$$

根据图 17-1 的几何图，对于 $0 < t < T$ 的每个时刻，可列出下式：

$$
\begin{aligned}
\tan(\varphi) &= \frac{y}{R-x} = \frac{V\sin(\theta)t - \frac{1}{2}gt^2}{\frac{2V^2\sin(\theta)\cos(\theta)}{g} - V\cos(\theta)t} \\
&= \frac{t\left[V\sin(\theta) - \frac{1}{2}gt\right]}{V\cos(\theta)\left[\frac{2V\sin(\theta)}{g} - t\right]} \\
&= \frac{t[2V\sin(\theta) - gt]\frac{1}{2}}{V\cos(\theta)\frac{1}{g}[2V\sin(\theta) - gt]} \\
&= \frac{g}{2V\cos(\theta)}t
\end{aligned}
$$

因此，可得如下简单的结果：

$$\tan(\varphi) = Ct \text{（其中 } C \text{ 为常量）}$$

也就是说，正好站在棒球落下的地方的外场手，他看向棒球瞬时位置的视线仰角的正切值随时间呈线性增加。

在确定这个纯数学结果的真正含义前，让我们先看一个现实中更常见的情况：外场手没有正好站在棒球下落的位置，需要移动位置后才能抓住棒球。假设外场手仍是在自己与击球手构成的竖直平面中看到棒球，但是现在，他与棒球下落点的距离为 s。也就是说，当时间 $t = 0$ 时，外场手与击球手的距离是 $R-s$ 或 $R+s$。我会分析“太近”这种情况——当外场手距击球手太近时，外场手不得不从原来的位置向外跑。基于同样的解析过程中，只要做小小的改动，就能算出外场手距击球手“太远”时的结果。

假设 τ 是外场手的反应时间，一旦他做出自己不得不移动的决定后，就以恒定速度 v 在时间 $t = T$ 时跑到 $x = R$ 处，即

$$s = v(T - \tau)$$

在时间 $t \geq \tau$ 的情形下（即外场手做出反应并移位），外场手在水平轴的坐标为 $(R - s) + v(t - \tau)$，由此可得

$$\tan(\varphi) = \frac{y}{(R-s)+v(t-\tau)-x}$$

因为

$$s = vT - v\tau$$

则

$$\tau = \frac{vT-s}{v} = T - \frac{s}{v}$$

所以

$$\begin{aligned}
\tan(\varphi) &= \frac{V\sin(\theta)t - \frac{1}{2}gt^2}{R-s+v\left(t-T+\frac{s}{v}\right)-V\cos(\theta)t} \\
&= \frac{t\left[V\sin(\theta)-\frac{1}{2}gt\right]}{\frac{2V^2\sin(\theta)\cos(\theta)}{g}-s+v(t-T)+s-V\cos(\theta)t} \\
&= \frac{t[2V\sin(\theta)-gt]\frac{1}{2}}{\frac{2V^2\sin(\theta)\cos(\theta)}{g}+v\left[t-\frac{2V\sin(\theta)}{g}\right]-V\cos(\theta)t} \\
&= \frac{\frac{1}{2}gt[2V\sin(\theta)-gt]}{2V^2\sin(\theta)\cos(\theta)+v[gt-2V\sin(\theta)]-Vg\cos(\theta)t} \\
&= \frac{\frac{1}{2}gt[2V\sin(\theta)-gt]}{2V^2\sin(\theta)\cos(\theta)-v[2V\sin(\theta)-gt]-Vg\cos(\theta)t} \\
&= \frac{\frac{1}{2}gt[2V\sin(\theta)-gt]}{V\cos(\theta)[2V\sin(\theta)-gt]-v[2V\sin(\theta)-gt]} \\
&= \frac{\frac{1}{2}gt[2V\sin(\theta)-gt]}{[2V\sin(\theta)-gt][V\cos(\theta)-v]} \\
&= \frac{gt}{2[V\cos(\theta)-v]}
\end{aligned}$$

再次得到

$$\tan(\varphi) = Ct\text{（其中 } C \text{ 为常量）}$$

不可忽视的空气阻力：我们不是在月球上打棒球

但是，稍微思考一番以后，你可能会问：为什么？查普曼在其解析过程的最后写道："显然，没有一个棒球运动员是通过解析三角函数方程而接到棒球的。在这里我只是想告诉大家，有关 $\tan(\varphi)$ 改变速度稳定性的极少一点信息……就可以让棒球运动员知道他正在以正确的速度跑向正确的位置，从而接住棒球。"但是，这又如何解释威利·梅斯常常背对着球往前跑，从来不看球却能够准确接住球呢？

而且，查普曼的解析还有另一个严重的不足。他忽略了空气阻力，（错误地）写道："空气阻力相对较小，对于棒球的运动轨迹只有很小的作用。"实际上情况并非如此。而且，查普曼关于 x 和 y 的方程式从一开始就不完全正确。这两个方程式都应加上一个额外的空气阻力项，空气阻力项的缺失令其美丽的 $\tan(\varphi)$ 结果不再成立。没错，查普曼的结果很漂亮，但它是错误的（除非你在月球的真空环境下打棒球）。⑤

注释

① 1933 年诺贝尔物理学奖得主，1955 年写在莫斯科的一块黑板上。

② 详见布什的《不只有科学》(*Science Is Not Enough*) 一书，威廉・莫洛公司，1967 年出版，第 102—122 页。从 1951—1973 年，威利・梅斯一直是纽约和旧金山巨人队（后来是纽约大都会队）杰出的中场手，后成为棒球名人堂成员。

③ 详见塞维尔・查普曼所写的《接住棒球》(*Catching a Baseball*),《美国物理学杂志》1968 年 10 月刊，第 868—870 页。

④ 当我打下这些文字时，我想起了加州大学圣塔芭芭拉分校物理学教授徐一鸿在他的《果壳中的爱因斯坦引力》(*Einstein Gravity in a Nutshell*)（普林斯顿大学出版社，2013 年出版，第 501 页）中讲的一则故事。徐一鸿教授回忆起他在普林斯顿大学的本科生生涯时，这样写道:“那时我还是个一年级新生，学校通知说约翰・惠勒（John Wheeler,普林斯顿大学著名的物理学教授）将给一些新生上一堂实验课（是教育学意义上的，而不是物理学意义上的），这些新生是由惠勒教授本人亲自挑选的。通过向在场的学生提出一系列问题，惠勒教授挑出了自己中意的学生。我仍然记得，有个问题刷下了大部分候选人。这个问题是：一个往上抛的球到达最顶端时，加速度是否为零？”答案当然是“不是零”（我相信徐一鸿教授一定答对了）。向上抛的球始终有一个向下的加速度，且大小恰好为 1g。查普曼的问题也是如此，即 $\frac{d^2y}{dt^2}=-g$。

⑤ 关于在查普曼的解析中应如何正确处理空气阻力（这并不繁琐！），可参考彼得・J. 布朗卡兹欧（Peter J. Brancazio）所写的《查普曼的荷马史诗：判断一个飞球的物理学》(*Looking into Chapman's Homer: The Physics of Judging a Fly Ball*),《美国物理学杂志》，1985 年 9 月刊，第 849—855 页。这篇文章也较为详细地讨论了对于一个外场手而言，究竟什么才是真正的视觉信息。

第18章
斜坡投掷

这条路是否弯弯曲曲一路上坡?
是的，直到尽头。
这段旅程是否需走整日之多?
从早到晚，我的朋友。
——“上山”问题已经超越了物理学[①]

朝上坡方向投掷 / 射击

宾夕法尼亚州的一位高中物理教师观察了一堂体育课，这堂体育课的内容是扔垒球，这是检测学生身体素质的国家标准的一部分。[②]这位教师观察到，学生们扔出的垒球不是落在平地上，而是落在一个往上的斜坡上。当得知学生的成绩取决于棒球的落地点距扔球点之间的距离后，这位教师很快意识到，这一评判方法是不对的。回家之后，他又对这个问题进行了更仔细的思考。

几年以后，挪威的一名高中物理教师在课堂上遇到一位学生提出的如下问题:“用来复枪向上射击山坡上的鹿时，应该将枪口向上，射得更高一些，这是真的吗?”[③]这个问题引发的课堂讨论很快让这个提问的学生得出了肯定的答案：上坡不得不射得高一些，下坡不得不射得低一些。但是，这位教师不确定这个答案是否完全正确。回家后，她也对这个问题进行了仔细的思考。

以上两个问题看起来很不一样，但却涉及相同的物理学知识。这两位高中物理教师遇到的问题可以用图 18-1 所示的几何模型图来表示。为了理解

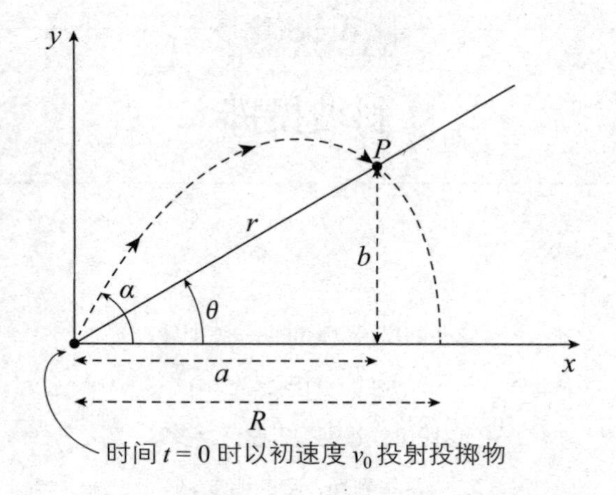

图 18-1 朝上坡方向投掷 / 射击的几何图

这两个问题，我们需要的数学知识只是一些十分简单的三角学知识和最简单的大学一年级微积分知识。

如何将垒球投掷在斜坡上的距离转化为平面距离？

对于这两个问题，我们忽略掉空气阻力。因而，在垒球或子弹的运动过程中，重力是唯一的作用力。

对于垒球问题，学生的成绩被记作 r，但实际上应当是 R。也是说，垒球投掷的国家标准是根据水平面（$\theta = 0$）来定的，而不是根据向上的斜面角度（$\theta > 0$）来定的。宾夕法尼亚州的那位教师的问题是，应当根据测量所得的 r 和 θ 的值来确定一个关于 R 的修正公式，一个关于 r、θ、和 α（最初的投掷方向与水平面的角度）的函数。

对于射击问题，猎人几乎肯定会在特定的距离上用来复枪瞄准（以抵消子弹下落的距离），从而让子弹射中在水平射程上的已经经过多次练习的目标。挪威的那位教师的问题是，确定 $\theta \neq 0$ 时（$\theta > 0$ 的上坡射击模型和 $\theta < 0$ 的下坡射击模型）的情况会对子弹的弹着点 P 产生什么样的影响。

在开始分析之前，让我们设投掷物（垒球或子弹）的初速度为 v_0。如图

18-1 的坐标系所示，可以列出初始（$t=0$）时投掷物的速度分量为

$$v_{0x} = v_0 \cos(\alpha), \quad v_{0y} = v_0 \sin(\alpha)$$

因为重力对投掷物的作用是向下的，所以只有 y 方向的速度分量会受到重力的影响，x 方向的速度分量保持不变。因此，在 g 为重力加速度时，可以列出在时间 $t \geq 0$ 时投掷物的速度分量为

$$\begin{aligned} v_x(t) &= v_{0x} = v_0 \cos(\alpha) = \frac{\mathrm{d}x}{\mathrm{d}t} \\ v_y(t) &= v_{0y} - gt = v_0 \sin(\alpha) - gt = \frac{\mathrm{d}y}{\mathrm{d}t} \end{aligned}$$

对这两个方程关于时间进行积分，得到时间为 t 时投掷物位置的坐标为

$$\begin{aligned} x(t) &= v_0 t \cos(\alpha) \\ y(t) &= v_0 t \sin(\alpha) - \frac{1}{2} g t^2 \end{aligned}$$

$x(0) = y(0) = 0$，因为在两个问题中投掷物的起始点都是原点。

应用 $x(t)$ 的方程后求解 t，可得

$$t = \frac{x}{v_0 \cos(\alpha)}$$

将该式代入关于 y 的方程，可以得到投掷物的抛物线轨迹方程（由伽利略在 1638 年发现）

$$y = x \tan(\alpha) - \frac{g}{2v_0^2 \cos^2(\alpha)} x^2$$

投掷物在斜面上的弹着点 P 的坐标为 $x=a$，$y=b$，其中

$$a = r\cos(\theta), \quad b = r\sin(\theta)$$

将上述关于 x 和 y 的表达式代入抛物线方程，可得

$$r\sin(\theta) = r\cos(\theta)\tan(\alpha) - \frac{g}{2v_0^2\cos^2(\alpha)}r^2\cos^2(\theta)$$

$r = 0$ 是 r 的一个明显且普通的解，但却常被我们忽略。如果我们将 r 提出来并且重新整理各项，可以得到

$$r\left[\frac{g}{2v_0^2\cos^2(\alpha)}r\cos^2(\theta) + \sin(\theta) - \cos(\theta)\tan(\alpha)\right] = 0$$

将方括号内的因子设为零，那么

$$\begin{aligned}
r &= \frac{\{\cos(\theta)\tan(\alpha) - \sin(\theta)\}\,2v_0^2\cos^2(\alpha)}{g\cos^2(\theta)} \\
&= \frac{\cos(\theta)\left\{\tan(\alpha) - \frac{\sin(\theta)}{\cos(\theta)}\right\}2v_0^2\cos^2(\alpha)}{g\cos^2(\theta)} \\
&= \frac{\left\{\frac{\sin(\alpha)}{\cos(\alpha)} - \frac{\sin(\theta)}{\cos(\theta)}\right\}2v_0^2\cos^2(\alpha)}{g\cos(\theta)} \\
&= \frac{\left\{\sin(\alpha) - \frac{\sin(\theta)}{\cos(\theta)}\cos(\alpha)\right\}2v_0^2\cos(\alpha)}{g\cos(\theta)} \\
&= \frac{\{\cos(\theta)\sin(\alpha) - \sin(\theta)\cos(\alpha)\}\,2v_0^2\cos(\alpha)}{g\cos^2(\theta)}
\end{aligned}$$

或者最后，一旦我们记住了两个不同角度的三角恒等式

$$\boxed{r = \frac{2v_0^2}{g\cos^2(\theta)}\cos(\alpha)\sin(\alpha - \theta)} \qquad \text{(A)}$$

(A) 式表示投掷后垒球的落点距投掷点沿斜面的测量距离。如果 $\theta = 0$，也就是说，球是朝水平方向投掷的，则 $r = R$，因此

$$R = \frac{2v_0^2}{g}\cos(\alpha)\sin(\alpha) \tag{B}$$

由 (A) 式可得

$$\frac{2v_0^2}{g} = \frac{r\cos^2(\theta)}{\cos(\alpha)\sin(\alpha-\theta)}$$

把该式代入 (B) 式，就可得到需要的转换等式：

$$R = r\frac{\cos^2(\theta)\sin(\alpha)}{\sin(\alpha-\theta)} \tag{C}$$

当然，我们要先确定投掷角度 α，然后才能使用等式 (C)。r 最大时的 α 值才是最佳选择。那么，当 r 关于 α 的导数为零时，就可以得到最佳的 α 值。通过计算，根据 (A) 式得到

$$\begin{aligned}\frac{\mathrm{d}r}{\mathrm{d}\alpha} &= \frac{2v_0^2}{g\cos^2(\theta)}[\cos(\alpha)\cos(\alpha-\theta)-\sin(\alpha)\sin(\alpha-\theta)]\\ &= \frac{2v_0^2}{g\cos^2(\theta)}\cos(2\alpha-\theta)=0\end{aligned}$$

因此

$$2\alpha-\theta=90^\circ$$

或者，让角度为 θ 时，朝斜面向上投掷时距离最大的 α 值为

$$\alpha = 45^\circ + \frac{1}{2}\theta$$

如果是在平面上测量 r 值（$\theta=0^\circ$），$\alpha=45^\circ$ 最佳。但是当在斜面上测量 r 值且斜面的倾斜角为 2° 时，$\alpha=46^\circ$ 才是最佳选择。因此，假设学生朝一个坡

度为 2° 的斜面向上投掷垒球，投掷距离为 $r = 200$ 英尺。那么为了可以在全国范围内进行比较，学生的成绩应当被记录成

$$R = 200\frac{\cos^2(2^\circ)\sin(46^\circ)}{\sin(44^\circ)}\text{英尺} = 207\text{英尺}$$

这个校正值还真不小。

射击山坡上的猎物时枪口应该更向上吗？

现在，我们来分析挪威的那位物理教师需要思考的问题。回到 (B) 式，我们看到，如果来复枪在水平射程上瞄准后可以精确地击中距离为 R 处的目标，来复枪需要高出水平设计平面的角度为 φ，则

$$\cos(\varphi)\sin(\varphi) = \frac{Rg}{2v_0^2} = \frac{1}{2}\sin(2\varphi)$$

因此

$$\sin(2\varphi) = \frac{Rg}{v_0^2}$$

参考图 18-1，可以得到，在 $\theta = 0$ 的特殊情况下，φ 就是 α。通常，角度 φ 不大。例如，一杆装有 .30-06 弹的来复枪的出膛速度约为 2 500 英尺 / 秒，因此，对于一个位于 $R = 200$ 码（600 英尺）处的目标，仰角 φ 为

$$\varphi = \frac{1}{2}\sin^{-1}\left\{\frac{Rg}{v_0^2}\right\} = \frac{1}{2}\sin^{-1}\left\{\frac{600\times 32.2}{2\,500^2}\right\} = 0.089^\circ$$

如果向上坡射击，假设来复枪的仰角为 β，r 的值仍然为 R，即在水平射击面上以角度 φ 瞄准。β 和 φ 相比会如何呢？由于 $\alpha = \theta + \beta$，因此，根据 (A) 式得到

$$R = \frac{2v_0^2}{g\cos^2(\theta)}\cos(\theta+\beta)\sin(\beta)$$

或者，根据

$$R = \frac{2v_0^2}{g}\sin(2\varphi)$$

可以得到

$$\sin(2\varphi) = \frac{2\cos(\theta+\beta)\sin(\beta)}{\cos^2(\theta)}$$

进一步，两边同时乘以 $\frac{1}{2}\cos(\theta)$，得到

$$\begin{aligned}\frac{1}{2}\sin(2\varphi)\cos(\theta) &= \frac{\{\cos(\theta)\cos(\beta)-\sin(\theta)\sin(\beta)\}\sin(\beta)}{\cos(\theta)} \\ &= \cos(\beta)\sin(\beta)-\tan(\theta)\sin^2(\beta) \\ &= \frac{1}{2}\sin(2\beta)-\tan(\theta)\sin^2(\beta)\end{aligned}$$

因此，最终

$$\boxed{\sin(2\beta) = \sin(2\varphi)\cos(\theta)+2\tan(\theta)\sin^2(\beta)} \qquad \text{(D)}$$

(D) 式中包含了很多信息。

首先，如果 $\theta=0$（水平射击），那么 $\tan(\theta)=0$ 且 $\cos(\theta)=1$，因此 $\beta=\varphi$。

在 $\theta \neq 0$ 的情况下，如果 $\theta>0$（向上坡射击），$\sin(2\beta)$ 等于 $\sin(2\varphi)\cos(\theta)$ 与一个校正项之和；如果 $\theta<0$（向下坡射击），$\sin(2\beta)$ 等于 $\sin(2\varphi)\cos(\theta)$ 减去一个相同的校正项。也就是说，如果射击者要在斜面上击中一个与自己相距 R 的目标，那么向上坡射击和向下坡射击的仰角 β 是不同的。但

由于一杆高速来复枪的仰角是很小的，那么校正项也是很小的（如果 β 很小，那么 $\sin(\beta)$ 也很小，$\sin^2(\beta)$ 则非常小）。因此可以忽略非常小的校正项，简单写成

$$\sin(2\beta) = \sin(2\varphi)\cos(\theta)$$

根据这个公式，可以马上得出 $\beta < \varphi$。例如，上文提到的一杆装有 .30-06 弹的出膛速度为 2 500 英尺 / 秒的来复枪，射击坡度为 35° 的斜坡上 600 英尺开外的目标，其仰角为

$$\begin{aligned}\beta &= \frac{1}{2}\sin^{-1}\left\{\frac{Rg}{v_0^2}\cos(35^\circ)\right\} \\ &= \frac{1}{2}\sin^{-1}\left\{\frac{600\times 32.2}{2\,500^2}\times 0.81915\right\} = 0.0725^\circ\end{aligned}$$

减小仰角是有必要的。因为如果用先前计算的水平面射击时所用的仰角来射击斜面上的目标，肯定会射击得太远。会射击得非常远吗？是的。

为了看到这一点，让我们用另一种方法来解决这个问题。上一个公式是为了找出击中斜面上某一距离处的目标所需的仰角，这个距离与水平射击时仰角为 φ 的距离相同。让我们继续用斜面射击情况下的仰角 φ 并计算子弹击中斜面的距离 r。因为 $\alpha = \theta + \varphi$，所以根据 (A) 可以得到

$$r = \frac{2v_0^2}{g\cos^2(\theta)}\cos(\theta+\varphi)\sin(\varphi)$$

或者因为

$$\frac{v_0^2}{g} = \frac{R}{2\cos(\varphi)\sin(\varphi)}$$

可以得到

$$r = \frac{\cos(\theta+\varphi)}{\cos(\varphi)\cos^2(\theta)}R$$

当 $\theta = 35^\circ$ 和 $\varphi = 0.089^\circ$，可以得到

$$r = \frac{\cos(35.089^\circ)}{\cos(0.089^\circ)\cos^2(35^\circ)}R = \frac{0.81826}{1 \times 0.671}R = 1.22R$$

因为 $R = 600$ 英尺，所以 $r = 732$ 英尺，射击超过目标很大一段距离。向上坡射击和向下坡射击的情况都是如此。因此，在那名物理教师的课堂上，对于上坡情况的结论是正确的，而对于下坡情况的结论是错误的。

下面，我以几个历史上的小故事来结束本章。在斜面上开枪是一个非常古老的问题，这个问题最早并不是出现在挪威或宾夕法尼亚州的物理课上，而是可以追溯到 17 世纪 40 年代早期的意大利数学家埃万杰利斯塔·托里拆利（Evangelista Torricelli，1608—1647）。让坡度为 θ 的斜面距离最远的 α 值的公式为

$$\alpha = 45^\circ + \frac{1}{2}\theta$$

半个世纪之后，牛顿的朋友埃德蒙德·哈雷（参考第 14 章注释②）发现了这一公式，并于 1695 年发表于《皇家学会哲学汇刊》（*Philosophical Transactions of the Royal Society*）。他用如下优美的形式表达了这个结果：

$$\alpha = 45^\circ + \frac{1}{2}\theta = \theta + \frac{1}{2}(90^\circ - \theta)$$

哈雷观察到，在斜面上射击的最大范围由斜面和垂直方向形成的角的二等分角决定。

注释

① 这些诗句是维多利亚时代的英国大诗人克里斯蒂娜·罗塞蒂（Christina Rossetti）在 1861 年的诗作《上坡路》（*Up-Hill*）中的开篇诗节。

② 可参考约瑟夫·C. 巴耶拉（Joseph C. Baiera）的《扔垒球的物理学》（*Physics of the Softball Throw*）详见《物理学教师》1976 年 9 月刊第 367—369 页。

③ 可参考奥利·安东·豪格兰（Ole Anton Haugland）的《初级弹道学中的一个问题》（*A Puzzle in Elementary Ballistics*），详见《物理学教师》1983 年 4 月刊第 246—248 页。

第19章

运输管旅行

对我而言，旅行不是为了去别的地方，而是为了行走。

我为旅行而旅行。最重要的事是运动。

——罗伯特·路易斯·史蒂文森[①]（Robert Louis Stevenson）

穿过地心的隧道

从19世纪90年代开始，科幻小说中出现了一个非常有意思的主题：通过星球（不一定是地球）内部的直线隧道，可以极快速地从一座城市到达另一座城市。在儒勒·凡尔纳（Jules Verne）1864年的小说《地心历险记》（*A Journey to the Center of the Earth*）中，主人公只是不断地往下爬就到达了目的地。与其说这是一部科幻小说，倒不如说是一部浪漫主义狂想曲。这一主题中最极端的例子是，一位男学生想通过往地底下凿一个洞就到达中国，也就是说，沿着地球的直径，挖一条穿过地心的隧道，从而到达地球的另一边。这个故事出现在1929年一本名为《地球通道》（*The Earth-Tube*）的小说中。相比这些大胆的想法而言，连接纽约和费城的直线隧道显得现实多了，隧道"只"需要挖到地表下1200英尺（365.76米）深即可。[②]

1953年，有人提出了一个更具实际意义的交通系统的概念，[③]我不认为这个概念在当时引起了多少关注。然而，在62年后，我发现这个概念十分有趣。尽管就像我将要做的分析所显示的那样，这个概念可能只是超前而已。

对这个概念的数学分析将是本书最具挑战性的一章，但如果你坚持到底，就会发现所有努力都是值得的。

如果有人问你，平面上两点之间距离最短的路径是什么？我相信你会很快回答，是一条直线。但是如果这个面是球面（就像地球的表面），而不是平面，你的回答又是什么呢？对于地球表面上的两点而言，当然最短的直线路径是穿过地球内部的隧道，但正如我在本章一开始提到科幻小说时所暗示的那样，我们不会走那种通过地心的路径。

真空运输管：利用劣弧缩短行程

正确答案应当是一条弧线，即这两点和球心的连线所在的圆在地球表面上的弧线。当然，连接球面上两点的弧线有两条（方向相反），这里要讲的是较短的那条，数学家们称之为劣弧。[④] 弧线对航线很有用处，可以减少飞行时间和燃油成本。

具体来说，假设我们要从纽约到澳大利亚的墨尔本，几乎要绕地球半圈，其劣弧路线的长度约为 10 000 英里。乘坐商用飞机是一次漫长而又疲劳的旅程，要在空中飞 20 个小时。那么如果只需 44 分钟，并且不用离地面太高（不用火箭）呢？那简直太棒了，不是吗？从科学角度而言这并非不可能，只要用一些物理学和数学知识就可以实现，尽管价格可能不便宜。

假设在高处有一个排出了空气的运输管道，客用车辆可以在管道内沿着劣弧路径运动，从起点达到终点。我这里所说的“高处”是指该管道由高架支撑，距离地面几十英尺。该管道会被设计为真空管，因为我们发现，在这种情形下，客用车辆的速度可达到几十英里 / 秒。劣弧路线除了路线最短、具有经济价值外，就是从数学角度而言，作用于车辆和乘客上的重力和离心力的方向在任何时刻都是径向的，但是二者方向相反。当然，还有第三种作用于车辆上的力，即推动车辆沿运输管运动并且产生 $\frac{d^2s}{dt^2}$ 的加速度的力，其方向与地表相切。此外，我们忽略了由地球自转引起的任何作用。

图 19-1 是地球以及连接 A、B 两点运输管的几何图。经过观察可以发现，

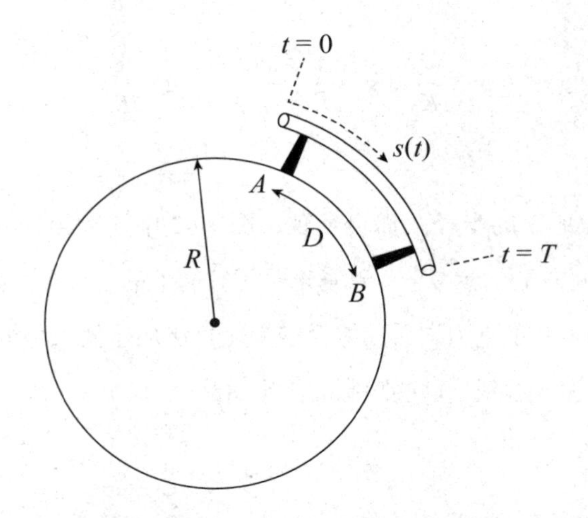

图 19-1　地球不自转时运输管的几何图（不是按比例画的！）

由于球体具有对称性，球体的位置可以改变，但是运输管的几何图仍然不变。在车辆从 A 行驶到 B 的过程中，当时间为 t 时，距离为 $s(t)$，那么 $s(0) = 0$，车辆的速度为

$$v = \frac{\mathrm{d}s}{\mathrm{d}t}$$

其中 $v(0) = 0$。也就是说，车辆从静止状态开始运动。如果 D 是 A、B 之间的距离，T 是整个运动过程所需的时间，那么 $s(t) = D$。

图 19-2 为地球以及三个加速度向量的示意图。该图用点记法表示时间导数，由伟大的牛顿在发明微积分的时候提出，其中

$$\dot{s} = \frac{\mathrm{d}s}{\mathrm{d}t}$$

且

$$\ddot{s} = \frac{\mathrm{d}^2 s}{\mathrm{d}t^2} = \frac{\mathrm{d}\dot{s}}{\mathrm{d}t}$$

后记中还会用到这种标记方法，所以要特别注意！

设 g 为地表（运输管所在位置）重力加速度，则车辆的实际向内加速度为

$$g-\frac{v^2}{R}=g-\frac{1}{R}\left(\frac{\mathrm{d}s}{\mathrm{d}t}\right)^2=g-\frac{1}{R}\dot{s}^2$$

其中 R 为地球的半径。你会发现，图 19-2 中还有第四个加速度向量，大小为 c，方向向下（参考下一章章末，了解向下的意思）。这个加速度向量是重力、离心力和推进力向量的综合结果，且该加速度大小恒定、方向永远向下。接下来你会看到，这些限制会决定 $s(t)$。

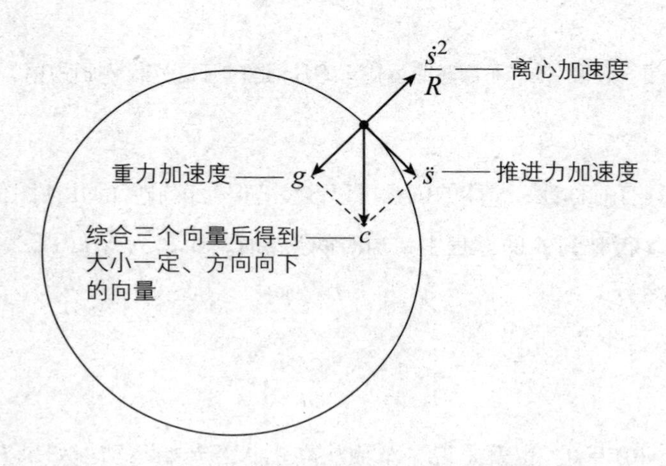

图 19-2　运输管中车辆的加速度

艾伦（参考注释③）认为 c 向量的大小为 40 英尺 / 秒 ^{2} 比 1g 大 25%（一个 160 磅的人会有 200 磅重）。这比坐过山车时的加速度要小得多，因此只要身体健康，普通人都能承受，更别说整个旅程所耗的时间这么短了。在长距离行程中，c 向量会经过相当大的角度旋转，因此，如果乘客的座位可以随椅子宽度（也就是肩并肩方向）的支撑杆旋转，那么尽管车辆带着乘客旋转，但乘客不太容易感觉到这种旋转，他们的感觉仍然是静止的（有一个恒定的力把他们按在座位上）。如果是短距离行程（比如从纽约到波士顿），几乎无法觉察到这种旋转。不过，乘客们不得不接受这样一种感觉：人像是被悬挂在钩子上干洗，双脚被往下拽。不过，想想如今的航空旅行状况，也许有很多人已经跃跃欲试，想成为新航线的勇士。

最大时速：每小时 4 万公里！

下面我们来解析这一过程中的物理学和数学知识。根据勾股定理可得

$$\boxed{(\ddot{s})^2+\left(g-\frac{1}{R}\dot{s}^2\right)^2=c^2} \tag{A}$$

根据微积分的链式法则，微分可看成是代数量（详细信息可参考任何一本大学一年级微积分教材），由此可得

$$\ddot{s}=\frac{\mathrm{d}\dot{s}}{\mathrm{d}t}=\left(\frac{\mathrm{d}\dot{s}}{\mathrm{d}s}\right)\left(\frac{\mathrm{d}s}{\mathrm{d}t}\right)=\frac{\mathrm{d}\dot{s}}{\mathrm{d}s}\dot{s}$$

因此方框中的等式 (A) 可以变成

$$\left(\frac{\mathrm{d}\dot{s}}{\mathrm{d}s}\dot{s}\right)^2+\left(g-\frac{1}{R}\dot{s}^2\right)^2=c^2$$

解析微分 ds，可以得到

$$\mathrm{d}s=\frac{\dot{s}\,\mathrm{d}\dot{s}}{\sqrt{c^2-\left(g-\frac{1}{R}\dot{s}^2\right)^2}}$$

不定积分后可以得到

$$s+k=\int\frac{\dot{s}\,\mathrm{d}\dot{s}}{\sqrt{c^2-\left(g-\frac{1}{R}\dot{s}^2\right)^2}}$$

其中 k 为任意常数。我们马上可以算出 k 的实际值是多少。要计算右边的

积分，先把积分变量变成 x（除了不用在 s 上加个点外没有发生什么变化）。即

$$\int \frac{\dot{s}\mathrm{d}\dot{s}}{\sqrt{c^2-\left(g-\frac{1}{R}\dot{s}^2\right)^2}}=\int \frac{x\mathrm{d}x}{\sqrt{c^2-\left(g-\frac{1}{R}x^2\right)^2}},\quad x=\dot{s}$$

再把变量变成

$$u=g-\frac{1}{R}x^2$$

因此

$$\frac{\mathrm{d}u}{\mathrm{d}x}=-\frac{2x}{R}$$

或者

$$\mathrm{d}x=-\frac{R}{2x}\mathrm{d}u$$

因此，我们的积分就变成了

$$\int \frac{x\mathrm{d}x}{\sqrt{c^2-\left(g-\frac{1}{R}x^2\right)^2}}=-\frac{R}{2}\int \frac{\mathrm{d}u}{\sqrt{c^2-u^2}}=-\frac{R}{2}\sin^{-1}\left(\frac{u}{c}\right)$$

其中最右边的表达式只要查一下积分表就能得到答案（“解析”积分最简单的方法）。[5]因为

$$u=g-\frac{1}{R}x^2=g-\frac{1}{R}\dot{s}^2$$

可以得到

$$s+k=-\frac{R}{2}\sin^{-1}\left(\frac{g-\frac{1}{R}\dot{s}^2}{c}\right)$$

最后，显然还有一个问题需要回答：k 是多少？我们知道，运输管中的旅行刚开始时（$t=0$）$s(0)=0$，即从静止开始运动，即 $\dot{s}(0)=0$。因此，当

处于所谓的最初条件时，可以得到

$$k = -\frac{R}{2}\sin^{-1}\left(\frac{g}{c}\right)$$

从而得到

$$s(t) = \frac{R}{2}\left[\sin^{-1}\left(\frac{g}{c}\right) - \sin^{-1}\left(\frac{g - \frac{1}{R}\dot{s}^2}{c}\right)\right] \quad \text{(B)}$$

我们还没有完成解析，但是为了防止我们在这么多标记中晕头转向，先暂停一会儿，让我向大家解释一下 (B) 的含义。我们可以求解 (B) 得到，即求解 $s(t)$ 函数（t 时刻经过的距离）从而得到 $\dot{s}(t)$（t 时刻的车速）

$$\dot{s}(t) = \sqrt{R}\sqrt{g - c\sin\left\{\sin^{-1}\left(\frac{g}{c}\right) - \frac{2}{R}s(t)\right\}} \quad \text{(C)}$$

(C) 是正确的，因为等式右侧的单位确实为长度 / 秒。现在，我们可以用这一结果计算车辆在运输管中运动时的最大速度。

这趟行程具有对称性。车辆从 A 开始运动，此时 $s = 0$。然后车辆按要求加速，达到一个实际向下的恒定加速度 c。加速运动一直持续到经过一半路程即 $s=\frac{1}{2}D$ 处，此时车速达到最大值。之后车辆开始减速，减速过程与前半程的加速过程成镜面对称，从而让车辆在 $t = T$、$s = D$ 时停止运动。（这表示 $s=\frac{1}{2}D$ 时 $t=\frac{1}{2}T$。）因此，如果在 (C) 中令 $s=\frac{1}{2}D$，那么 $\dot{s}(t)$ 的值就最大。把 $c = 40$ 英尺 / 秒 ^{2}、$g = 32.2$ 英尺 / 秒 ^{2}、$R = 3\,960$ 英里 $= 2.09 \times 10^7$ 英尺、$s=\frac{1}{2}D = 5\,000$ 英里 $= 2.64 \times 10^7$ 英尺（纽约到澳大利亚墨尔本的路程）代入后可以得到 $\dot{s}_{最大}$ =38 830 英尺 / 秒 =7.35 英里 / 秒。

当然，这个速度非常快，任何乘坐运输管的人都会觉得非常兴奋和有趣，因为在中点时的运行速度会超过每小时 26 000 英里（41 842.944 公里）。

44 分钟从墨尔本到达纽约

但是，任何想乘坐运输管的人都会问以下问题：（1）费用是多少？（2）旅程的时间是多少？第一个问题是经济学而不是物理学的任务，但是我们可以用一些数学知识来解答第二个问题。

根据方框中的等式 (A)

$$\left(\frac{\mathrm{d}\dot{s}}{\mathrm{d}t}\right)^2=c^2-\left(g-\frac{1}{R}\dot{s}^2\right)^2$$

解析微分 dt 可以得到

$$\mathrm{d}t=\frac{\mathrm{d}\dot{s}}{\sqrt{c^2-\left(g-\frac{1}{R}\dot{s}^2\right)^2}}$$

正式积分后可以得到

$$\int \mathrm{d}t=\int\frac{\mathrm{d}\dot{s}}{\sqrt{\left\{c-\left(g-\frac{1}{R}\dot{s}^2\right)\right\}\left\{c+\left(g-\frac{1}{R}\dot{s}^2\right)\right\}}}$$

注意两个积分上的积分限制都已经被忽略，我们马上就来计算它们。再次使用前文的简化记号变化 $x=\dot{s}$，可以得到

$$\int \mathrm{d}t=\int\frac{\mathrm{d}x}{\sqrt{\left\{c-\left(g-\frac{1}{R}x^2\right)\right\}\left\{c+\left(g-\frac{1}{R}x^2\right)\right\}}},\quad x=\dot{s}\qquad \text{(D)}$$

接下来把变量 x 变成 φ，其中我们规定两者的关系为

$$x = \sqrt{R(c+g)}\cos(\varphi)$$

这个规定看起来十分神秘。当然我们可以做出任意变换，但为什么是这一个呢？最简单的回答是，这一变化最终会给我们一个已知的积分，但是问题仍然存在：如何事先知道这个变化是“有用的”？这一发现让这位分析者声名大噪（不是我，而是注释③中提到的艾伦提出了这一转变）！

在任何情况下，都可以得到

$$\begin{aligned} g-\frac{1}{R}x^2 &= g-\frac{R(c+g)}{R}\cos^2(\varphi) = g-(c+g)\cos^2(\varphi) \\ &= g\sin^2(\varphi) - c\cos^2(\varphi) \end{aligned}$$

而且

$$\frac{\mathrm{d}x}{\mathrm{d}\varphi} = -\sqrt{R(c+g)}\sin(\varphi)$$

因此，回到方框中的表达式 (D) 并做一些代数运算，可以得到

$$\begin{aligned} \int \mathrm{d}t &= -\sqrt{R(c+g)} \\ &\quad \times \int \frac{\sin(\varphi)\,\mathrm{d}\varphi}{\sqrt{\left\{c-g\sin^2(\varphi)+c\cos^2(\varphi)\right\}\left\{c+g\sin^2(\varphi)-c\cos^2(\varphi)\right\}}} \\ &= -\sqrt{R(c+g)} \\ &\quad \times \int \frac{\sin(\varphi)\,\mathrm{d}\varphi}{\sqrt{\left\{c\left[1+\cos^2(\varphi)\right]-g\sin^2(\varphi)\right\}\left\{c\left[1-\cos^2(\varphi)\right]+g\sin^2(\varphi)\right\}}} \\ &= -\sqrt{R(c+g)} \\ &\quad \times \int \frac{\sin(\varphi)\,\mathrm{d}\varphi}{\sqrt{\left\{c\left[2-\sin^2(\varphi)\right]-g\sin^2(\varphi)\right\}\left\{c\sin^2(\varphi)+g\sin^2(\varphi)\right\}}} \end{aligned}$$

$$= \quad -\sqrt{R(c+g)}\int\frac{\sin(\varphi)\,\mathrm{d}\varphi}{\sqrt{\left\{2c-c\sin^2(\varphi)-g\sin^2(\varphi)\right\}(c+g)\sin^2(\varphi)}}$$

$$= \quad -\sqrt{R}\int\frac{\mathrm{d}\varphi}{\sqrt{2c-(c+g)\sin^2(\varphi)}} = -\frac{\sqrt{R}}{\sqrt{2c}}\int\frac{\mathrm{d}\varphi}{\sqrt{1-\left(\frac{c+g}{2c}\right)\sin^2(\varphi)}}$$

因此，确定 k^2，可以得到

$$\int\mathrm{d}t = -\sqrt{\frac{R}{2c}}\int\frac{\mathrm{d}\varphi}{\sqrt{1-k^2\sin^2(\varphi)}},\quad k^2=\frac{c+g}{2c}$$

至此，我们无法再回避积分限制的问题了。下面是如何得到这两个积分的积分限制的过程。当 $t=0$ 时 $\dot{s}=0$，由于 $x=\dot{s}$，根据 $t=0$ 时，$x=\sqrt{R(c+g)}\cos(\varphi)$，可以得到 $\cos(\varphi)=0$。即当 $t=0$ 时，$\varphi=\frac{\pi}{2}$。那么，当行程经过一半，即当 $t=\frac{\pi}{2}$ 时，φ 是多少呢？让我们把它记 φ_1。根据之前的计算可得，这时候的 $\dot{s}$ 达到最大值，因此

$$\dot{s}_{\max}=\sqrt{R(c+g)}\cos(\varphi)$$

也就是说

$$\varphi_1=\cos^{-1}\left\{\sqrt{\frac{\dot{s}^2_{\max}}{R(c+g)}}\right\}$$ ⑥

如果对 $\dot{s}_{\max}$ 方程的两边进行平方，并将方框 (C) 中的表达式 $s=\frac{D}{2}$ 代入其中（因为此时为 $\dot{s}_{\max}$），可以得到

$$\dot{s}^2_{\max}=R\left[g-c\sin\left\{\sin^{-1}\left(\frac{g}{c}\right)-\frac{D}{R}\right\}\right]$$

因此，根据限制条件，可以得到

$$\int_0^{T/2}\mathrm{d}t=\frac{T}{2}=-\sqrt{\frac{R}{2c}}\int_{\pi/2}^{\varphi_1}\frac{\mathrm{d}\varphi}{\sqrt{1-k^2\sin^2(\varphi)}}$$

或者，最终得到

$$
\begin{aligned}
T &= \sqrt{\frac{2R}{c}}\left[\int_0^{\pi/2}\frac{\mathrm{d}\varphi}{\sqrt{1-k^2\sin^2(\varphi)}}-\int_0^{\varphi_1}\frac{\mathrm{d}\varphi}{\sqrt{1-k^2\sin^2(\varphi)}}\right]\\
k^2 &= \frac{c+g}{2c}\\
\dot{s}_{\max}^2 &= R\left[g-c\sin\left\{\sin^{-1}\left(\frac{g}{c}\right)-\frac{D}{R}\right\}\right]\\
\varphi_1 &= \sin^{-1}\left\{\sqrt{1-\frac{\dot{s}_{\max}^2}{R(c+g)}}\right\}
\end{aligned}
\qquad \text{(E)}
$$

因为 $R = 2.09 \times 10^7$ 英尺、$c = 40$ 英尺 / 秒 ^{2}、$g = 32.2$ 英尺 / 秒 ^{2}，可以得到 $\sqrt{\frac{2R}{c}} = 1\ 022$ 秒以及 $k^2 = 0.9025$（$k = 0.95$）。正如我们之前计算所得，因为 $D = 10\ 000$ 英里（澳大利亚墨尔本到纽约的距离），$\dot{s}_{\max} = 38\ 830$ 英尺/秒，所以 $\varphi_1 \approx 0$。

(E) 中的两个积分被数学家称为第一类椭圆积分，它们是一种全新的函数（有 k 和上极限角两个参数）。它们无法用指数函数、三角函数和平方根（或其他乘方根）等“普通”数学函数项表示。它们需要进行数值计算（然后你可以在表格中查询）或在需要它们的时候用编码算法在计算机上进行计算。我用的是免费的网页计算器⑦，得到的结果为

$$T = 1\ 022 \times (2.59 - 0)\ \text{秒} = 2\ 647\ \text{秒} = 44.1\ \text{分钟}$$

比起缩在喷气式飞机椅子上的 20 小时，而且坐在前面的家伙后仰着睡在你的腿上，可能还在打着呼噜，这肯定要好得多。

20 分钟从北京到达明斯克

好吧，这一切都很有趣（不是吗？），但是谁会在纽约和澳大利亚的墨

尔本之间建一条大圆传输管呢？想想两座城市之间的深海吧，要建一条这样的传输管需要很结实的支撑柱！建造连接纽约、波士顿和华盛顿特区的运输管会更切实际一点，因为这些运输管都在地面上，为这些运输管建造支撑柱（或是建造浅表隧道）至少是可能的。

许多人定期来往于美国的东西海岸之间，我会告诉你两地间通过运输管来往所需的时间。例如，与乘坐商用飞机需要 300 分钟相比，在纽约和洛杉矶（2 450 英里）之间乘坐运输管只需 23.3 分钟，最高速度可达 3.84 英里 / 秒。要是你是个很喜欢用计算器计算的人，下面有四个例子可供核实。

表 19-1 运输管时间表

A	B	D（英里）	$\dot{S}_{max}$（英里 / 秒）	T（分钟）
明斯克	北京	1 814	3.22	20.3
巴黎	莫斯科	1 550	2.94	18.8
巴黎	柏林	546	1.64	11.3
伦敦	巴黎	213	0.99	6.9

中国和俄罗斯的游客应该非常喜欢表中的第一行。对比乘坐欧洲之星列车从伦敦到巴黎需要 135 分钟，表格中的最后一行也令人印象深刻。如果乘坐运输管的话，上午 10:00 还在伦敦，而 7 分钟之后的 10:07 就可以到达巴黎。速度真的非常快！

作为一个小小的“作业”，你可以将人们正在提议的连接旧金山和洛杉矶之间的高速轨道系统，即“超级高铁”，和我们的运输管相对比，那会是一件非常有趣的事。⑧

注释

① 出自《骑驴游记》(*Travels with a Donkey*)(1878 年)。在本章中我们会研究一种地面旅行的方式，这种方式会让你比骑驴走得快。

② 想要了解此类隧道的数学讨论和历史评论,可参考《帕金斯夫人的电热毯》(普利斯顿大学出版社，2009 年，第 203—214 页)。

③ 威廉 · A. 艾伦 (William A. Allen),《未来运输的两个弹道学问题》(*Two Ballistic Problems for Future Transportation*),《美国物理学杂志》，1953 年 2 月，第 83—89 页。对于新生而言，这篇文章很难读懂。

④ 该表述的唯一例外是如果两个点是球体直径上的两个端点，那么就有无数条大圆路径，它们的长度均为赤道周长的一半。

⑤ 当然，这个“方法”取决于积分表上是否包含你感兴趣的特殊积分。如果没有的话，你就得自己计算积分。数学史上，积分计算的历史既漫长又充满变数。可以参考我写的《探秘趣味积分》(施普林格出版社, 2015 年), 以及乔治·博罗什(George Boros)和维克多·莫尔(Victor Moll)合著的《积分的魅力》(*Irresistible Integrals*)(剑桥大学出版社，2004 年)。

⑥ 在艾伦的文章中 $\varphi_1 = \sin^{-1}\left\{\sqrt{1-\frac{s_{\max}^2}{R(c+g)}}\right\}$，但是很容易就能表明这两个表达式是相同的。(提示：画一个直角三角形，令 φ_1 为其中一个锐角，然后运用勾股定理和正弦及余弦的定义。)然而，艾伦的表达式更为可取，因为在 φ_1 非常接近于零的情况下，由于舍入噪声，可以保证该表达式有效(反余弦形式会让结果略大于 1，这就产生了误差)。

⑦ 网址是: keisan.casio.com/exec/system/1244989500。椭圆积分既出现在高等物理学中，又出现在简单物理学中。(可在《探秘趣味积分》，参考注释⑤，第 212—219 页中看到更多椭圆积分在物理学中的应用。)本书最后一章，我会介绍另一种椭圆积分的应用，比运输管问题要简单得多。

⑧ 詹姆斯 · 弗拉霍斯,《炒作》(*Hyped Up*),《大众科学》(*Popular Science*), 2015 年 7 月，第 32—39 页。

第 20 章

空中运动

懦夫选择逃跑，但勇者却选择危险。

——欧里庇得斯[1]（Euripides）

人们经常会做各种愚蠢的事情，比如朝长毛象掷矛，然后发疯似的逃离这头被激怒的野兽。再比如，在脚踝处绑一根有弹性的绳子，然后从 500 英尺高的桥上跳下来，下落 499 英尺（不是 501 英尺）后猛地停住。

在本章中，除了蹦极之外，我们还将讨论另外两个稍有危险但是十分常见的空中飞越活动,其一是“跳台滑雪”；其二是“人猿泰山的秋千”——通过一根悬在空中的绳索，快速荡过一片满是毒蛇的阴湿沼泽。电影《夺宝奇兵》（*Indiana Jones*）的男主角印第安纳·琼斯（Indiana Jones）一定会对走绳索的结果尤其感兴趣。在分析这三个例子时，我们会用到很多前文已经用到过的简单物理学知识，还会用上一些之前没碰到过的知识。

跳台滑雪：怎样才能滑得最远?

跳台滑雪问题是三个问题中最简单的一个，图 20-1 是该问题的几何图。滑雪者沿着起飞坡道向下做加速运动，该起飞坡道的底部有点弯曲向上，所以滑雪者会以角度和某一速度离开坡道底端（坐标系统的原点）。

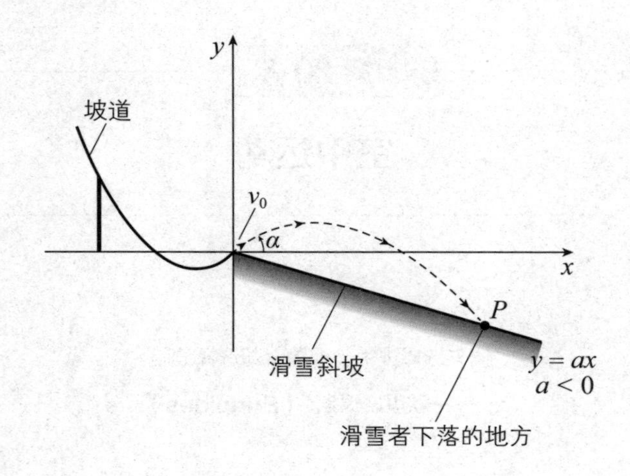

图 20-1 跳台滑雪的几何图

之后，滑雪者会在空中做抛物线运动（参考图 18-1），最终落在滑雪斜坡上的 P 点。如图所示，滑雪斜坡从原点开始，斜坡斜率为负，大小为 a。在这个问题中，我们要确定，怎样才能让滑雪者跳跃的距离最大（即要让点 P 的 x 坐标最大）。② 忽略空气阻力，那么重力就是唯一的作用力。

让我们回顾一下第 18 章中说过的投掷物以角度 α 和速度 v_0 离开原点后的抛物线路径的方程

$$y = x\tan(\alpha) - \frac{g}{2v_0^2\cos^2(\alpha)}x^2$$

滑雪者落在滑雪斜坡（可以方程 $y = ax$ 表示）上的 P 点，因此 P 点的 x 坐标满足

$$ax = x\tan(\alpha) - \frac{g}{2v_0^2\cos^2(\alpha)}x^2$$

或者

$$\frac{g}{2v_0^2\cos^2(\alpha)}x^2 = x[\tan(\alpha) - a]$$

除了 $x=0$ 以外，还可以得到

$$
\begin{aligned}
x &= \frac{2v_0^2\cos^2(\alpha)[\tan(\alpha)-a]}{g} = \frac{2v_0^2\cos^2(\alpha)\left[\frac{\sin(\alpha)}{\cos(\alpha)}-a\right]}{g} \\
&= \frac{2v_0^2}{g}\left[\cos(\alpha)\sin(\alpha)-a\cos^2(\alpha)\right]
\end{aligned}
$$

因此

$$\frac{\mathrm{d}x}{\mathrm{d}\alpha} = \frac{2v_0^2}{g}\left[\left\{\cos^2(\alpha)-\sin^2(\alpha)\right\}+a\left\{2\cos(\alpha)\sin(\alpha)\right\}\right]$$

第一个花括号中的表达式可用 $\cos(2\alpha)$, 第二个花括号中的表达式可用 $\sin(2\alpha)$ 代替，由此可得

$$\frac{\mathrm{d}x}{\mathrm{d}\alpha} = \frac{2v_0^2}{g}[\cos(2\alpha)+a\sin(2\alpha)]$$

令该等式等于零，从而令 x 最大，可以得到

$$\frac{\sin(2\alpha)}{\cos(2\alpha)} = \tan(2\alpha) = -\frac{1}{a}, \quad a<0$$

因此，如果 $a=0$（“斜面” 不是斜面而是一个水平面），那么跳跃距离最大时 $a=45°$；如果 $a=-1$（$45°$ 的陡峭斜坡），那么跳跃距离最大时 $a=22.5°$。请注意该结果：最优 α 值与 v_0 无关（对于所有滑雪者，无论能力如何，只要使用这个特殊的跳台设施，最优 a 值都是一样的），只是一个和下落斜面坡度有关的函数。斜面坡度越陡峭，α 的值就越小。

当 $a=-\infty$ 时(即“斜面”事实上接近于一个垂直峭壁),$\alpha=0$。也就是说，滑雪者离开滑坡起飞时与 x 轴平行。从物理上说，滑雪者永远不会落到“斜面”上，只会继续前进，同时垂直下落。如果把 $\alpha=0$ 以及 $a=-\infty$ 代入点 P 的

x 坐标方程，可以得到 $x = \infty$。然而，这都是理论上的，实际情况是，滑雪者最终会落到深谷底部。

人猿泰山的秋千：怎样才能荡出最远？

在这个问题中，我们把一个人，例如，人猿泰山或者印第安纳·琼斯，当作质点 m，他正朝一条长为 L 的藤蔓跑过去，该藤蔓从头顶的树枝上笔直地垂挂下来。

如图 20-2 所示，设坐标系的原点在藤蔓正下方，藤蔓末端与原点的距离为 h。当这个人到达原点时的瞬时速度为 v，他抓住藤蔓的下端，向外且向上荡开去，就像钟摆底部的摆锤一样。在藤蔓转过角度 α 后的某一点 Q，他放开藤蔓，以抛物线路径在空中飞行，最终落在 x 轴上，落点的位置为 $x = R$。那么，我们想探究一个很简单的问题：释放角度 α 为多少时，R 最大？

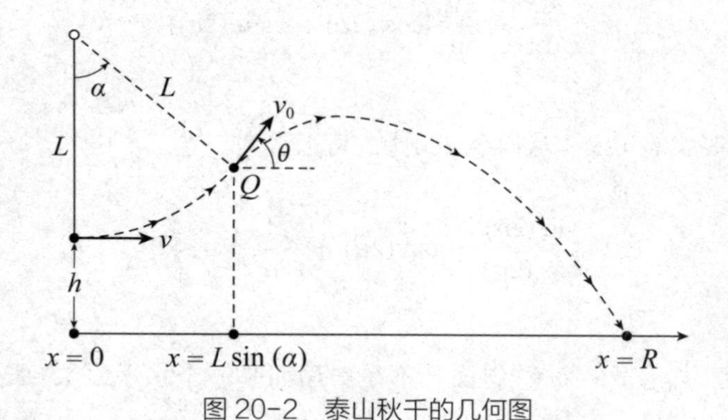

图 20-2　泰山秋千的几何图

在以下分析中，我们忽略空气阻力（和“跳台滑雪”案例一样），并且假设藤蔓沿着树枝晃动时没有阻力。人在 Q 点放手时的速度记为 v_0，由几何规律可得，人放开藤蔓时藤蔓转过的角度 θ 正好是人的速度与水平方向的夹角。图 20-3 说明了这一情况。

通过观察可知，人放开藤蔓时，人的速度向量与藤蔓垂直。

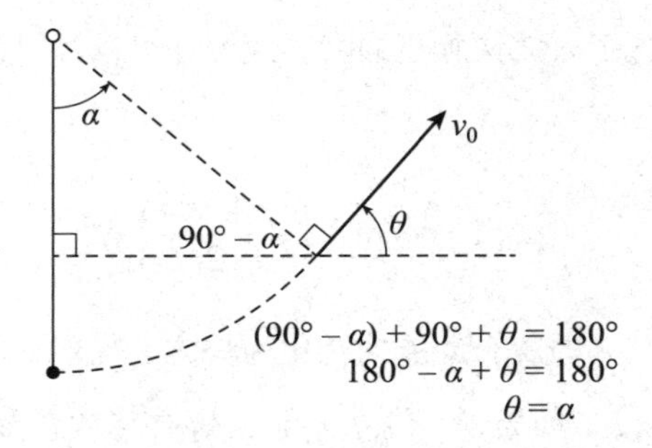

图 20-3　图 20-2 中 $\theta = \alpha$ 的原因

为了开始我们的分析，[3] 我们设人抓住藤蔓的地方为原点，此时 $x = 0$。此时人的势能为零，动能为 $\frac{1}{2}mv^2$ 。当藤蔓摆动过的角度为 α 时，人在垂直方向上上升的距离为

$$L - L\cos(\alpha)$$

因此增加的势能为

$$mgL\{1 - \cos(\alpha)\}$$

该势能由动能转化而来，因此当藤蔓摆过的角度为 α 时，人的运动速度为 v_0 动能为

$$\frac{1}{2}mv_0^2 = \frac{1}{2}mv^2 - mgL\{1 - \cos(\alpha)\}$$

如果这个人在点 Q 处放开藤蔓，那么他做抛物运动的初始速度为

$$v_0 = \sqrt{v^2 - 2gL\{1 - \cos(\alpha)\}}$$

且该速度与水平方向的角度为 α。人在点 Q 处的瞬时坐标为

$$x = L\sin(\alpha)，y = L\{1 - \cos(\alpha)\}$$

很明显，根据这个人抓住藤蔓的瞬时速度，可以计算出藤蔓摆过的最大角度

$$\alpha_{\max} = \cos^{-1}\left\{1 - \frac{v^2}{2gL}\right\}$$

在这个角度时，人的所有动能均转化为势能。当然，物理学上关注的最大 α 角为 90°，[④] 所以，如果 $v^2 > 2gL$，那么所有释放角度的值都可能出现；如果 $v^2 < 2gL$，那么释放角度就在 $0 < \alpha \leq \alpha_{\max}$ 之间。例如，对于一条 20 英尺长的藤蔓，区分这两种情况的临界速度为

$$\text{v} = \sqrt{2 \times 32.2 \times 20}\text{英尺/秒} \approx 36\text{英尺/秒}$$

这个速度非常快，相当于用不到 8.4 秒跑完 100 码的冲刺赛，比世界纪录还要快 1 秒。一个人要达到这个速度，最合理的方法就是像人猿泰山一样——不是跑步，而是抓住一条藤蔓，从一棵很高的树上飞入空中。当他经过原点时，很容易就能达到 36 英尺 / 秒或者更大的速度。

现在先不考虑这些，回顾一下以角度 α、速度 v_0 离开原点时物体的抛物线方程

$$y = x\tan(\alpha) - \frac{g}{2v_0^2\cos^2(\alpha)}x^2$$

这种形式的方程也可以应用在跳台滑雪分析中，但是在本案例中，有些条件是不一样的。角度 α 与速度 v_0 和之前一样，但是现在这个人不是从原点离开，他放开藤蔓时在 x 轴之上的距离为

$$h = L\{1 - \cos(\alpha)\}$$

但是很容易就能校正这个值。假设这个人就是从原点离开的，那么，现在问题就变成了当 $y = h$ 时 x 是多少。解析以下方程可得到 x：

$$-h = x\tan(\alpha) - \frac{g}{2v_0^2\cos^2(\alpha)}x^2$$

根据这个二次方程公式很容易就能得到答案，为

$$x = \frac{v_0^2}{2g}\left[\sin(2\alpha) + \sqrt{\sin^2(2\alpha) + \frac{8hg}{v_0^2}\cos^2(\alpha)}\right]$$

我打赌你清楚 x 的物理意义：Q 点的 x 坐标与 $x = R$ 处的距离。因此，要得到 R 的值，必须要加上人在放开藤蔓之前摆动过的水平距离（Q 点的 x 坐标）：

$$\begin{aligned} R &= L\sin(\alpha) + \frac{v_0^2}{2g}\left[\sin(2\alpha) + \sqrt{\sin^2(2\alpha) + \frac{8hg}{v_0^2}\cos^2(\alpha)}\right] \\ v_0 &= \sqrt{v^2 - 2gL\{1 - \cos(\alpha)\}} \end{aligned}$$

为了找到令 R 最大的释放角度 α，一位纯数学家可能会说："没问题，令 $\frac{\mathrm{d}R}{\mathrm{d}\alpha} = 0$，求 α 的解即可。"你当然可以这么做，如果你是个受虐狂的话。但是我会换一种方法，用电脑画出 R 和 α 的曲线图，然后观察 R 的峰值在哪里。然而，为了让我们的计算工作尽可能地体现出价值，让我们先把 R 的方程标准化，变成一个无量纲变量的方程（我们在第 16 章中用过这个方法）。根据最近发表的一篇文章的指引，[5] 我们可以将"自然"长度 L（藤蔓的长度）和"自然"速度 $\sqrt{2gL}$（我们得出的 v_0 的表达式）利用起来。因此，我们可以定义如下变量：

$$w = \frac{v}{\sqrt{2gL}}, \quad s = \frac{h}{L}, \quad a = \cos(\alpha)$$

那么

$$\frac{R}{L} = \sin(\alpha) + \frac{v_0^2}{2gL}\left[\sin(2\alpha) + \sqrt{\sin^2(2\alpha) + \frac{8hg}{v_0^2}\cos^2(\alpha)}\right]$$

因为

$$\sin(\alpha) = \sqrt{1-a^2}, \qquad \sin(2\alpha) = 2\sin(\alpha)\cos(\alpha) = 2a\sqrt{(1-a^2)}$$

$$\frac{v_0^2}{2gL} = w^2 - 1 + a, \qquad \frac{8hg}{v_0^2}\cos^2(\alpha) = \frac{4sa^2}{w^2-1+a}$$

从而可以得到

$$\frac{R}{L} = \sqrt{1-a^2} + 2a\left(w^2-1+a\right) \times \left[\sqrt{1-a^2} + \sqrt{(1-a^2) + \frac{s}{w^2-1+a}}\right]$$

s 的一个“典型”值可以是 $\frac{1}{3}$（例如，15 英尺藤蔓的底端在摆动过程中的最低点与地面的距离为 5 英尺）。对于一条 15 英尺的藤蔓，可得

$$\sqrt{2gL} = \sqrt{2 \times 32.2 \times 15}\text{英尺/秒} = 31\text{英尺/秒}$$

因此，如果 ω 的值为 1、0.7、0.4，那么人猿泰山在抓住藤蔓时的速度分别为 31 英尺 / 秒、21.7 英尺 / 秒和 12.4 英尺 / 秒。图 20-4 表示当 α 从 0 变化至 α_{max} 时，$\frac{R}{L}$ 与 α 的关系的三条曲线图：最上面是 $\omega = 1$ 时的曲线图，中间是 $\omega = 0.7$ 时的曲线图，下面是 $\omega = 0.4$ 时的曲线图。

从图 20-4 我们可以看到，每一条曲线都有一个轮廓分明的峰形（然而，峰形很宽，表示人猿泰山所用的特定 α 并不是让他越过沼泽的关键），而且随着 ω（人抓住藤蔓时的速度）的增大，最大距离对应的角度也在增大。从这三条曲线上可以看出，出现最大距离的发射角度明显小于 45°，例如，当 $\omega = 0.7$ 时，最佳发射角度仅约为 30°。

有些读者可能想知道，这样的问题在生活中是否存在。（毕竟，在过去的 10 年中你越过了多少个沼泽呢？）

那么让我告诉你，可能所有人都曾经经历过和人猿泰山荡秋千类似的境况。回想一下，当你还是一个孩子的时候，坐在操场的秋千上，秋千荡得越来越高。很快，你就得回家吃晚饭了。在最后一次秋千上扬的时候，你让自

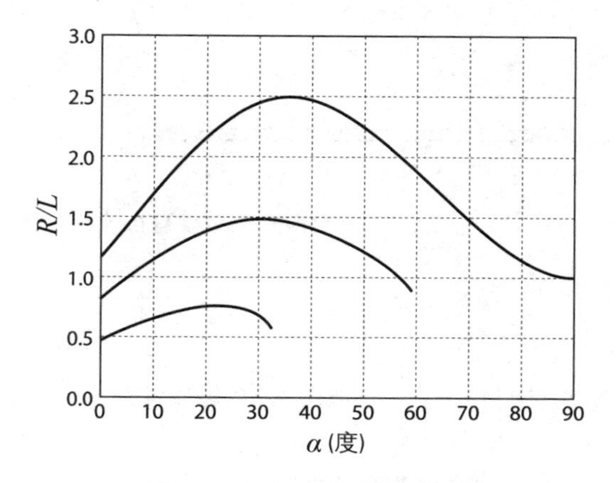

图 20-4 标准距离与发射角度

己从秋千上射出去，落在前边的沙坑里。想起来了吗？这也是一种人猿泰山式的秋千！

蹦极：弹性绳令最大加速度倍增！

一个胆子很大的人（看作质点 m）在脚踝处系上一根不计质量的弹力长绳，长绳的另一端系在几百英尺高的岩峡的桥柱上，然后纵身跳下，这就是红极一时的蹦极运动。

当蹦极者下落的时候，绳子在他身后慢慢展开，直到下落的距离等于绳子的长度。因为绳子有弹力，会开始拉长，所以蹦极者会持续下落。假设绳子在拉长的过程中符合胡克定律[6]。让我们设竖直方向为 y 轴且 y 轴的方向向下（参考图 20-5），并令绳子刚开始拉伸的那个点为 $y=0$（时间 $t=0$）。由于 k 是一个恒定的正值，那么绳子的张力（沿 y 轴的负方向向上指向桥）为 ky。这个力的方向与重力相反，会减慢下落速度，最终让蹦极者不再下落，然后又把他往上拉。

这一疯狂的（对我而言是这样）运动有两件令人害怕的事：撞到下面的岩石，或者经历比重力更大的加速度。事实上，这就是我们要用一些简单的物理学知识解决的问题——蹦极者的最大加速度是多少？正如你所看到的，

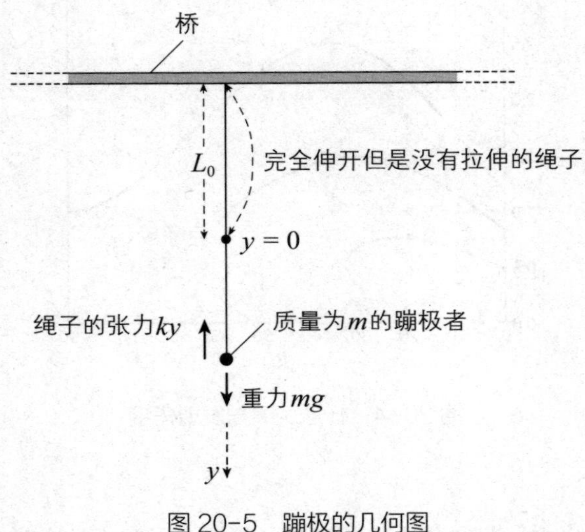

图 20-5 蹦极的几何图

它可能远大于 $1g$。

当蹦极者下落到绳子开始拉伸之前的过程中，他受到的唯一作用力为方向向下的重力，大小为 mg。然而，一旦绳子开始拉伸，蹦极者也会受到一个方向向上、大小为 ky 的来自于绳子的张力。因此当 $y \geq 0$ 时，蹦极者受到的总作用力为

$$F = m\frac{\mathrm{d}^2y}{\mathrm{d}t^2} = mg - ky$$

因此

$$\frac{\mathrm{d}^2y}{\mathrm{d}t^2} + \frac{k}{m}y = g, \quad y \geq 0$$

工程师、物理学家和数学家经常会遇到这个十分普通但非常重要的微分方程，他们对这个方程的解了如指掌。然而，这个方程有些超出高中数学的范围，所以我会花一点时间向大家说明如何解这个方程——这真的不是很难。

首先，假设解的一般形式为一个常数和一个时间变化函数之和。这看起来涵盖了很多基数！如果 C 为常数，那么将 $y = C$ 代入微分方程，可以得到

$$\frac{k}{m}C = g$$

从而可以得到常数为

$$C = \frac{mg}{k}$$

因此，把答案中的时间变化函数记为$f(t)$，可以得到完整的解

$$y(t) = \frac{mg}{k} + f(t)$$

接下来，如果我们将这个表达式代入微分方程，可以得到

$$\frac{\mathrm{d}^2 f}{\mathrm{d}t^2} + \frac{k}{m}\left[\frac{mg}{k} + f(t)\right] = g$$

或者

$$\frac{\mathrm{d}^2 f}{\mathrm{d}t^2} + \frac{k}{m}f(t) = 0$$

因此，可以得到$f(t)$的微分方程为

$$\frac{\mathrm{d}^2 f}{\mathrm{d}t^2} = -\frac{k}{m}f(t)$$

即$f(t)$的二阶导数与原函数成比例。你还能想出有这种特性的函数吗？当然可以——正弦函数和余弦函数！⑦

因此，假设（A 和 ω 是常数）

$$f(t) = A\cos(\omega t)$$

那么

$$\frac{d^2 f}{dt^2} = -A\omega^2 \cos(\omega t)$$

把这个表达式代入 $f(t)$ 的微分方程，可以得到

$$-A\omega^2 \cos(\omega t) = -\frac{k}{m} A \cos(\omega t)$$

也就是说

$$\omega^2 = \frac{k}{m}$$

也可以假设

$$f(t) = B \sin(\omega t)$$

所以又可以得到

$$\omega^2 = \frac{k}{m}$$

因此，我们可以列出

$$f(t) = A\cos(\omega t) + B\sin(\omega t), \quad \omega = \sqrt{\frac{k}{m}}$$

$y(t)$ 的完整解析式为

$$y(t) = \frac{mg}{k} + A\cos(\omega t) + B\sin(\omega t), \quad \omega = \sqrt{\frac{k}{m}}$$

那么，A 和 B 是多少呢？我们可以得出 A，因为 $t = 0$ 时，$y(0) = 0$，因此

$$0 = \frac{mg}{k} + A$$

也就是说

$$A = -\frac{mg}{k}$$

因此

$$y(t) = \frac{mg}{k} - \frac{mg}{k}\cos(\omega t) + B\sin(\omega t)$$

或者

$$y(t) = B\sin(\omega t) + \frac{mg}{k}[1 - \cos(\omega t)]$$

为了求出 B，可以列出

$$\frac{\mathrm{d}y}{\mathrm{d}t} = B\omega\cos(\omega t) + \frac{mg}{k}\omega\sin(\omega t)$$

时间 $t = 0$ 时绳子开始拉伸，此时蹦极者的速度为 v_0，那么

$$\frac{\mathrm{d}y}{\mathrm{d}t}\Big|_{t=0} = v_0 = B\omega$$

因此

$$B = \frac{v_0}{\omega}$$

可以得到

$$y(t) = \frac{v_0}{\omega}\sin(\omega t) + \frac{mg}{k}[1 - \cos(\omega t)]$$

蹦极者经过时间 T 时下落的距离为 L_0，从而可以求得 v_0。

那么

$$\frac{1}{2}gT^2 = L_0$$ ⑧

所以

$$T = \sqrt{\frac{2L_0}{g}}$$

T时刻的速度为

$$gT = g\sqrt{\frac{2L_0}{g}} = \sqrt{2gL_0} = v_0$$

$y > 0$时蹦极者的加速度为

$$\begin{aligned}
\frac{\mathrm{d}^2y}{\mathrm{d}t^2} &= \frac{v_0}{\omega}\left\{-\omega^2\cos(\omega t)\right\} - \frac{mg}{k}\omega^2\sin(\omega t) \\
&= -v_0\omega\cos(\omega t) - \frac{mg}{k}\omega^2\sin(\omega t) \\
&= -\sqrt{2gL_0}\sqrt{\frac{k}{m}}\cos(\omega t) - \frac{mg}{k}\left(\frac{k}{m}\right)\sin(\omega t) \\
&= -\left[\sqrt{\frac{2gL_0k}{m}}\cos(\omega t) + g\sin(\omega t)\right]
\end{aligned}$$

这个加速度的一般形式为

$$\frac{\mathrm{d}^2y}{\mathrm{d}t^2} = a\cos(\omega t) + b\sin(\omega t)$$

其中

$$a = -\sqrt{\frac{2gL_0k}{m}}, \quad b = -g$$

根据注释⑨中的提示，[9] 最大加速度的大小为

$$\max\left|\frac{\mathrm{d}^2y}{\mathrm{d}t^2}\right| = \sqrt{a^2 + b^2} = \sqrt{\frac{2gL_0k}{m} + g^2} = g\sqrt{1 + \frac{2L_0k}{mg}}$$

要完成这个解析过程，得让最大加速度的表达形式简化，让我们来详细探讨常数 k。因为当 $y > 0$ 时，拉伸的绳子的张力 $F = ky$，所以拉伸的弹力绳

中储存的能量为 E。设下落过程中，绳子的最大长度为 L_m。那么绳子拉伸的长度为 $L_m - L_0$，则拉伸的绳子中储存的能量为

$$\begin{aligned} E &= \int_0^{L_m - L_0} F\,\mathrm{d}y = \int_0^{L_m - L_0} ky\,\mathrm{d}y \\ &= \frac{1}{2}ky^2\Big|_0^{L_m - L_0} = \frac{1}{2}k(L_m - L_0)^2 \end{aligned}$$

这个能量来自于蹦极者下落时减少的势能。当蹦极者从刚开始跳下到下落至 L_m 时，减少的势能为 mgL_m，因此

$$\frac{1}{2}k(L_m - L_0)^2 = mgL_m$$

因此

$$k = \frac{2mgL_m}{(L_m - L_0)^2}$$

所以

$$\begin{aligned} \max\left|\frac{\mathrm{d}^2y}{\mathrm{d}t^2}\right| &= g\sqrt{1 + \frac{2L_0\frac{2mgL_m}{(L_m - L_0)^2}}{mg}} = g\sqrt{1 + \frac{4L_mL_0}{(L_m - L_0)^2}} \\ &= g\frac{\sqrt{(L_m - L_0)^2 + 4L_mL_0}}{L_m - L_0} = g\frac{\sqrt{L_m^2 + 2L_mL_0 + L_0^2}}{L_m - L_0} \\ &= g\frac{L_m + L_0}{L_m - L_0} \end{aligned}$$

或者，最后

$$\max\left|\frac{\mathrm{d}^2y}{\mathrm{d}t^2}\right| = g\frac{\frac{L_m}{L_0} + 1}{\frac{L_m}{L_0} - 1}$$

这个形式简单的结果很有启发性。如果 $L_m = 2L_0$，即在蹦极过程中绳子拉伸后的长度是原长度的两倍，那么

$$\max\left|\frac{d^2y}{dt^2}\right| = 3g$$

如果绳子只拉伸了 50%，即 $L_m = \frac{3}{2}L_0$，那么

$$\max\left|\frac{d^2y}{dt^2}\right| = 5g$$

拉伸的幅度越小，最大加速度的值越大。在完全没有拉伸的极限情况下（$L_m = L_0$），会得出一个可怕的结果。为了说明这一点，假设蹦极者的脚踝上绑的是一条铁链，而不是一条弹力绳，那么

$$\max\left|\frac{d^2y}{dt^2}\right| = \infty$$

从数学的角度来说，当铁链完全伸开的瞬间，蹦极者会猛地受到一个力让其停止下落。

最后再说几句有关这个解析的话。第一，我描述的问题是受到了《美国物理学杂志》中一个挑战性问题的启发。[10] 第二，几年后，《物理学教师》上发表了一篇很不错的文章[11]，这篇文章对《美国物理学杂志》那篇文章中的误差稍作了修改——尽管我觉得没什么必要。我不打算作详细解释，但是《美国物理学杂志》的问题描述的是这样一种情况：不计绳子的质量，当蹦极者开始往下跳时，绑在桥上的绳子是卷成线圈放在蹦极者旁边的。相反，《物理学教师》中的问题描述的是这样一种情况：绳子有重量，且蹦极者刚开始往下跳时，绳子从桥上的蹦极者向下放落一半长度后再回到桥上，形成一个环形。这两种分析都是正确的，但是这是两种完全不同的物理情况。[12]

即使是“简单物理学”，专业的物理学家也可以找出不同意的理由，这就是物理学为什么如此有趣的原因之一。

注释

① 约公元前 400 年，他可能会补充说：“勇者经常英年早逝。”

② 这里的分析仅对克里日托夫·雷比路斯（krzysztof Rebilus）的《最优跳台滑雪》（*Optimal Ski Jump*）（发表于《物理学教师》2013 年 2 月刊）中的分析稍作了修改。

③ 灵感来源于戴维·比特尔（David Bittel，康涅狄格州的一位物理教师）的文章《用简单钟摆发射物体所能达到的最大距离》（*Maximizing the Range of a Projectile Launched by a Simple Pendulum*），发表于《物理学教师》2005 年 2 月刊第 98—100 页。

④ 这个角度会让人猿泰山向上运动，最终向下掉落。因此，尽管这个角度十分有意思，但是在越过沼泽时却没什么实际帮助（大于 90° 的角会让人猿泰山向后倒退）。

⑤ 可参考卡尔·E. 孟甘（Carl E. Mungan）的《解析人猿泰山的困境》（*Analytically Solving Tarzan's Dilemma*），发表于《物理学教师》2014 年 1 月刊第 6 页。孟甘详细解释了如何通过一个特定的三次方程找到最佳的发射角度。比特尔（注释③）也曾做过这样的探讨。

⑥ 该定律以与牛顿同时代的科学家罗伯特·胡克（Robert Hooke，1635—1703）的名字命名。胡克与牛顿的关系并不友好，读者可在《帕金斯夫人的电热毯》（普林斯顿大学出版社，2009 年出版，第 167—168、170—172、184、188、190—191 页）一书中阅读有关胡克和牛顿之间关系紧张的故事。

⑦ 一般来说，在指数函数 e^{st} 中，s 为常数，且每次对 e^{st} 求导所得的值均与 e^{st} 成比例。事实上，在数学上，这确实是解析我们的微分方程的最常见的方法。但是这里的例子非常简单，不需要用这么复杂的方法，只需要用正弦函数和余弦函数就可以解析这个问题。

⑧ 假设蹦极者刚往下跳时的速度为零，即假设他走到桥的边缘时一脚踏空，掉下去了（真可怕）。

⑨ 为表示 $f(t)=a\cos(\omega t)+b\sin(\omega t)$ 的最大值为 $\sqrt{a^2+b^2}$，首先设 $\frac{df}{dt}=0$，且当 $t=\frac{1}{\omega}\tan^{-1}\left(\frac{b}{a}\right)$ 时出现最大值。那么，把 t 代入 $f(t)$ 中，可以得 $f\left\{\frac{1}{\omega}\tan^{-1}\left(\frac{b}{a}\right)\right\}=$

$a\cos\left\{\tan^{-1}\left(\frac{b}{a}\right)\right\}+b\sin\left\{\tan^{-1}\left(\frac{b}{a}\right)\right\}=\sqrt{a^2+b^2}$。画一个直角三角形可能会有助于理解最后一步。

⑩ 可参考彼得·帕尔菲 - 马里（Peter palffy-Muhoray）所写的《蹦极中的加速度》（*Acceleration during Bungee-Cord Jumping*），发表于《美国物理学杂志》1993 年 4 月刊，详见第 379、381 页。我曾经更正过《美国物理学杂志》上的一个排印错误，并且详细地解释了如何解析关于蹦极者运动的微分方程，但这里的解析基本与帕尔菲 - 马里的解析相同。

⑪ 可参考戴维·卡根（David Kagan）和艾伦·科特（Alan Kott）的《蹦极者受到大于 g 的加速度》（*The Greater-Than-g Acceleration of a Bungee Jumper*），详见《物理学教师》1996 年 9 月刊第 368—373 页。

⑫ 欲了解更多有关《物理学教师》里描述的数学物理学（阅读这本书需要比阅读本书高一点的数学知识），可参考我的《探秘趣味积分》（*Inside Interesting Integrals*）一书，施普林格出版社，2015 年出版，详见第 212—219 页。

第21章

飞球的轨迹

优秀踢球者的标志是球的滞空时间长。

——由一位匿名足球迷道出的深刻真理

足球的滞空时间

在这一章，让我们聊聊“滞空时间”（Hang time）吧。我们说的可不是克林特·伊斯特伍德（Clint Eastwood）1968年导演的西部片《吊人索》（*Hang'Em High*）的主题，而是足球以抛物线轨迹[①]从被踢球者踢出到被防守队球员接住所需的时间。滞空时间较长可以让发球队有时间赶在防守队持球进攻之前把球传往前场。滞空时间在棒球运动中也有重要意义。表面上，飞向外场的高飞球可以为跑垒员跑向下一垒留下更多时间，但实际上却并非如此。这是由于“触垒”规则要求跑垒员返回触垒，或者留在原先所在的垒包处，直到棒球落在界内场地或者先被外野手触到。当棒球在飞行过程中被外野手得到，跑垒员必须触垒。

计算足球在抛物线轨迹内的滞空时间十分容易。如第18章所述，当足球以角度α、速度v_0离开踢球者，在时间t时的高度为

$$y(t) = v_0 t \sin(\alpha) - \frac{1}{2}gt^2$$

这个关系式表示，当 $t = 0$ 时（球离开踢球者的时刻），$y(t) = 0$，在 $t = \frac{2v_0 \sin(\alpha)}{g} = T$ 时，球被截住，那么 T 就是滞空时间。而且我们可以得出，当 α 从 0° 变化至 90° 时，T 不断增大。

怎样才能踢出最远距离？

角度 α 是踢球者可以控制的唯一参数。我们假设速度 v_0 是与腿部力量[②]有关的一个函数，g 是重力加速度。有点好玩的是，当 $\alpha = 90^\circ$ 时，滞空时间最长，但是这意味着竖直向上踢球，这可是踢球者最不愿意做的一件事。像这样踢球，球只会落到原地。但是，踢球者希望把球踢得尽可能远。因而，这就为踢球者带来了难题。他应该怎么踢球（α 应当是多少），才可以令滞空时间最长的同时踢出的距离最远呢？

我们得选择一个角度 α，让足球在空中经过的距离最长。实际上，这个选择确实给出了一个滞空时间和距离，这两者都是最大值的重要组成部分（等我们完成解析之后可以看到这一点）。因此，问题转变为，发射角度 α 为多少时，经过的路线最长？

如图 21-1 所示，如果只看抛物线轨迹中任意很小的一部分，其长度（由于很小，所以微分为 $\mathrm{d}s$）根据勾股定理可得

$$(\mathrm{d}s)^2 = (\mathrm{d}x)^2 + (\mathrm{d}y)^2$$

所以，从开始到结束的总路线长度为

$$L = \int_{\text{开始}}^{\text{结束}} \mathrm{d}s = \int_{\text{开始}}^{\text{结束}} \sqrt{(\mathrm{d}x)^2 + (\mathrm{d}y)^2} = \int_{\text{开始}}^{\text{结束}} \sqrt{1 + \left(\frac{\mathrm{d}y}{\mathrm{d}x}\right)^2}\, \mathrm{d}x$$

由于最右侧的积分与 x 相关，所以“开始”和“结束”的下限和上限分别为 $x = 0$ 和 $x = R$。像第 17 章一样，如果发射角度和速度为 α 和 v_0（17 章中我们用的是 θ 和 V，但这只是很细微的标记变化），那么

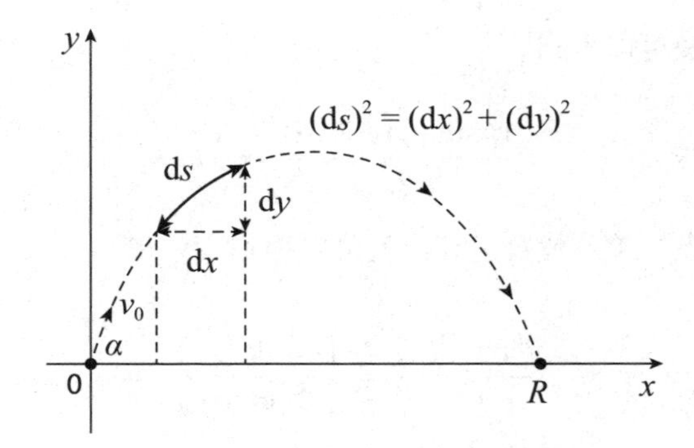

图 21-1　抛物线轨迹的微分部分

$$R = \frac{2v_0^2}{g}\sin(\alpha)\cos(\alpha)$$

因此，我们的问题是找到令 L 最大的的值，其中

$$L = \int_0^R \sqrt{1 + \left(\frac{\mathrm{d}y}{\mathrm{d}x}\right)^2}\,\mathrm{d}x$$

如第 18 章一样，足球抛物线轨迹的方程为

$$y = x\tan(\alpha) - \frac{g}{2v_0^2\cos^2(\alpha)}x^2$$

因此

$$\frac{\mathrm{d}y}{\mathrm{d}x} = \tan(\alpha) - \frac{g}{2v_0^2\cos^2(\alpha)}x$$

我会详细向你解释，但如果你把这个表达式代入上面 L 的积分式并做点代数运算，就可以得到

$$L = \frac{g}{v_0^2\cos^2(\alpha)}\int_0^R \sqrt{\frac{v_0^4\cos^4(\alpha)}{g^2} + \left\{x - \frac{v_0^2\sin(\alpha)\cos(\alpha)}{g}\right\}^2}\,\mathrm{d}x$$

显然，很快可以得到

$$\frac{v_0^2 \sin(\alpha)\cos(\alpha)}{g} = \frac{1}{2}R$$

再进行一点简单的代数运算，就可以得到

$$\frac{v_0^4 \cos^4(\alpha)}{g^2} = \left\{\frac{R}{2\tan(\alpha)}\right\}^2$$

因此

$$L = \frac{g}{v_0^2 \cos^2(\alpha)} \int_0^R \sqrt{\left\{\frac{R}{2\tan(\alpha)}\right\}^2 + \left\{x - \frac{1}{2}R\right\}^2}\, \mathrm{d}x$$

接下来，如果我们改变变量

$$u = x - \frac{1}{2}R$$

因此，$\mathrm{d}x = \mathrm{d}u$，那么

$$L = \frac{g}{v_0^2 \cos^2(\alpha)} \int_{-R/2}^{R/2} \sqrt{u^2 + \left\{\frac{R}{2\tan(\alpha)}\right\}^2}\, \mathrm{d}u$$

这个积分的一般形式[3]为

$$\int \sqrt{u^2 + a^2}\mathrm{d}u = \frac{u\sqrt{u^2 + a^2}}{2} + \frac{a^2}{2}\ln(u + \sqrt{u^2 + a^2})$$

其中

$$a = \frac{R}{2\tan(\alpha)}$$

将这一项代入 L 积分式中，跳过几个代数计算步骤，就可以得到

$$L = \frac{v_0^2}{g}\left[\sin(\alpha) + \cos^2(\alpha)\ln\left\{\sqrt{\frac{1 + \sin(\alpha)}{1 - \sin(\alpha)}}\right\}\right]$$

那么，请“注意”下面这个式子④

$$\sqrt{\frac{1+\sin(\alpha)}{1-\sin(\alpha)}}=\frac{1+\sin(\alpha)}{\cos(\alpha)}$$

最终可以得到

$$L=\frac{v_0^2}{g}\left[\sin(\alpha)+\cos^2(\alpha)\ln\left\{\frac{1+\sin(\alpha)}{\cos(\alpha)}\right\}\right]$$

图 21-2 表示 $L/\frac{v_0^2}{g}$ 与 α(即归一化的 L 与 α)之间的曲线图。正如你所见，当 $\alpha=55^\circ$ 左右时，L 可以达到最大值（更详细的数据研究表示 $\alpha=56.46^\circ$ 是一个更为准确的结果⑤）。然而，最大值的范围很宽，所以 α 的准确值并不是那么重要。

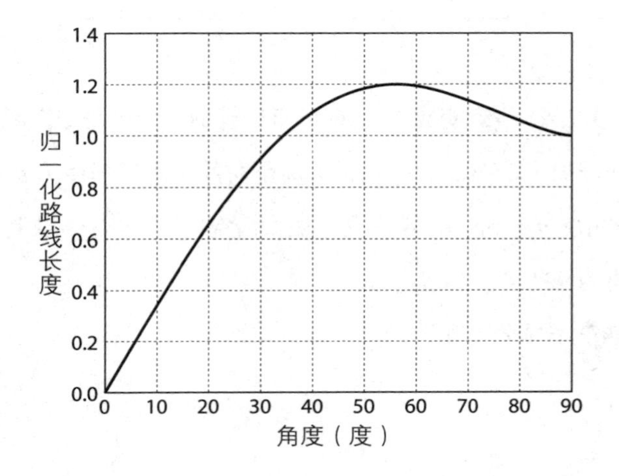

图 21-2　球的归一化抛物线路径长度与 α 的函数

对于相同的 v_0，比较滞空时间和 $\alpha=45^\circ$ 时踢球的距离(最大距离的踢法)

与 $\alpha = 56.46^\circ$ 时踢球的距离（球飞过的最大路径的踢法），是件很有意思的事。

所有踢球方式的归一化滞空时间为

$$\frac{T}{v_{0/g}} = 2\sin(\alpha)$$

所有踢球方式的归一化距离为

$$\frac{R}{v_0^2/g} = 2\sin(\alpha)\cos(\alpha)$$

从而可以得出下面这个比较表格。

表 21-1 归一化滞空时间和两个 α 值所对应的距离

α	归一化滞空时间	归一化距离
45.00°	1.414	1.000
56.46°	1.667	0.921

因此，当角度从 $\alpha = 45^\circ$ 变成 $\alpha = 56.46^\circ$ 时，付出的代价是距离减少 7.9%，但是滞空时间却增加了 18%。归一化最大滞空时间（踢球角度为 $\alpha = 90^\circ$ 时）为 2，所以踢球角度 $\alpha = 56.46^\circ$ 既达到了最大滞空时间的 83% 以上，同时又保留了最大距离的 92%。

谁说鱼和熊掌不可兼得呢？

注释

① 与我之前对物体抛物线轨迹进行分析时采取的策略一样，这里也忽略了空气阻力。如果你厌倦了忽略空气阻力，想要把空气阻力考虑在内（那问题就不像是本书一样的简单物理学了，而是要涉及一些高深的数学知识），那么可以阅读我的《帕金斯夫人的电热毯》一书（普林斯顿大学出版社，2009 年出版，第 120—135 页）。

② 一般而言，我认为踢球者一定会用尽全力踢球，除非他踢的是赌博球。赌博球是一种策略性的踢球方法，在这里我们不作讨论。

③ 从积分表中可以查询到该不定积分公式（参考第 19 章注释⑤）。当然，你也可以用微分来验证这个公式。

④ 这是一个很好的代数练习，我鼓励大家去验证这一恒等性。

⑤ 这个数值最先发表于海杜克·沙拉菲安（Haiduke Sarafian）的《投掷物的运动》（*On Projectile Motion*），详见《物理学教师》1999 年 2 月刊第 86—88 页。

第 22 章

重力加速度

轨道不难理解。是重力引起了深度失眠。

——诺曼 · 梅勒[①]（Norman Mailer）

有与重力加速度无关的空中运动吗？

当你读到这一章的时候，你一定会觉得本书中出现过的一半的方程式中都含有 g。当然，g 是地球表面物体受地球引力下落时的重力加速度，等于 9.8 米 / 秒 ^{2}，约等于 32.2 英尺 / 秒 ^{2}。当我们计算有关投掷物的运动、传输管、蹦极以及从斜面上滚下的圆柱体的问题时，g 总是会出现在数学式中。这种情况经常发生，很容易让你觉得在研究"在空中运动的物体"的物理学时一定会出现 g。

但事实并非如此。下面这个反例就令人惊讶。据我所知，1960 年的一篇文章就讨论了这个例子。[②]

如图 22-1 所示，假设一个质量为 m 的物体最初为静止状态，然后从一个没有摩擦力的斜面上滚落下来，垂直下落的距离为 h。到达斜面底部后，该物体以角度 α、速度 v_0 飞入空中。那么，发射点与落地点之间的水平距离 R 是多少？

在第 18 章中，我们得知，一个以角度 α、速度 v_0 离开原点的投掷物，

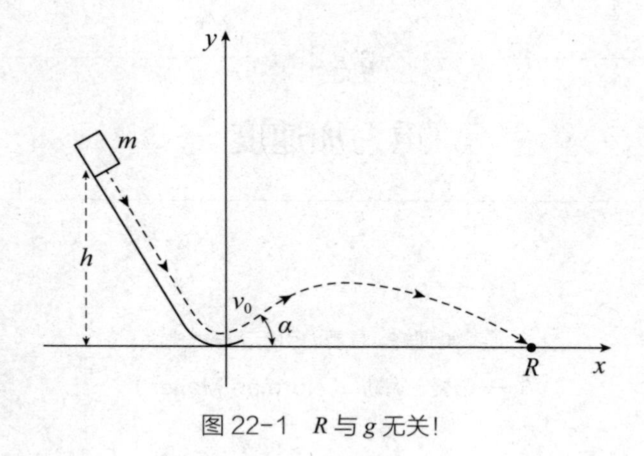

图 22-1　R 与 g 无关!

飞出的距离为（参考当时方框中的方程 B）

$$R = \frac{2v_0^2}{g}\cos(\alpha)\sin(\alpha)$$

根据能量守恒定律，可以得到

$$\frac{1}{2}mv_0^2 = mgh$$

这表示，物体发射时的动能等于减少的势能。也可得

$$v_0^2 = 2gh$$

因此

$$R = 4h\cos(\alpha)\sin(\alpha)$$

你会注意到，这个表达式中没有 g。正如注释②中的作者写道："如果在月球或者火星上做这个试验，让该物体从相同的斜面上落下……那么它掠出的距离与在地球上时一样。"③

测量重力加速度的昂贵而神秘的方法

在地球、月球和火星上，不一样的是发射时的速度。g越大，发射速度越大，正好补偿了增加的重力，从而得到了相同的R。数学计算让这一结果变得很明显，但我不认为在计算之前也是如此明显。然而，除了这个小小的计算，g确实经常出现在方程式中。因此，知道g的值是很重要的。本书最后的一个问题就是：如何测量g的值？

几年前，我写过有关这个问题的文章[4]，其开篇如下文所述：

> 实际上，测定g的值是一个很经典的实验，每一年，在世界各地，都有成千上万的大学新生会在物理实验室进行该实验。我记得很清楚，当我还是个大学新生时，就在斯坦福大学物理学51课上做过这个实验（1958年）。在我记忆中，那是个无聊透顶的过时实验：观察高速脉冲火花发生器在一条下落的蜡纸条上烧出的小孔（我记得即使是研究生助教也宁愿在别处待着），然后需要测量烧出的相邻的孔之间的距离。经过一些深奥难懂的中间计算，最后会得到g的值。

简便方法1：弹性球法

现在，我会介绍一个更好的办法来测量g的值，这个方法更快、更具教学优势……你只要有一把码尺、一个弹性球和一只秒表即可。你不需要一台昂贵又神秘（对大多数大学新生而言是这样）的火花发生器。你只需懂一些基本的物理学知识和一点简单的高中代数知识就好啦。有了以上工具，你就能在自己居住的地方，仅花不到60秒的时间，测量出g的值了。

后面的几页分析仅涉及一些相当简单的物理学知识，就能得出g的公式：

$$g = \frac{8h_0c^2}{T_n^2}\left(\frac{1-c^n}{1-c}\right)^2$$

其中，如果球从 h_0 高度处下落，h_1 是第一次反弹后的高度，那么

$$c = \sqrt{\frac{h_1}{h_0}}$$

T_n 为 n 次反弹后的时间（选择一个便于计算的 n）。显而易见，操作这一方法十分容易（在《帕金斯夫人的电热毯》一书中，我确实在某天傍晚走到车库里进行过这个实验。比起斯坦福大学的实验，这个实验要简单得多，也有趣得多）。当然，也存在其他同样简单或者更简单的测量 g 的方法。

接下来，我会向你介绍其他几种测量 g 的方法。然而，如果物理学家想要得到 g 的精确值，是不会使用本章中的弹性球方法或者我将要介绍的其他方法的，因为这些方法只能精确到百分位。当然，这些物理学家得在精密仪器上花费大量金钱，[5]而我在这里介绍的方法既容易又便宜，不会超过20美元。

简便方法 2：圆锥摆法

假设用手握住一根几乎没有质量但又非常结实的线（尼龙钓鱼线是一个不错的选择）的一端，在线的另一端系上质量较大的物体（几个系在一起的金属垫圈应当不错）。那么，如图 22-2 所示，用手转动线下端系着的物体，使之做半径为 r 的水平匀速圆周运动。如图所示，手与圆形轨道平面中心的距离为 h，线的长度为 L，线的张力为 F。

我们知道，轨道运动物体受到的向心加速度为 $\frac{v^2}{r}$，其中 v 为该物体的速度。设 T 为完整运动一周所需的时间，那么

$$v = \frac{2\pi r}{T}$$

所以，向心加速度为

$$\frac{4\pi^2 r^2}{T^2 r} = \frac{4\pi^2 r}{T^2}$$

也就是说，根据这个加速度可得，向内的径向力为

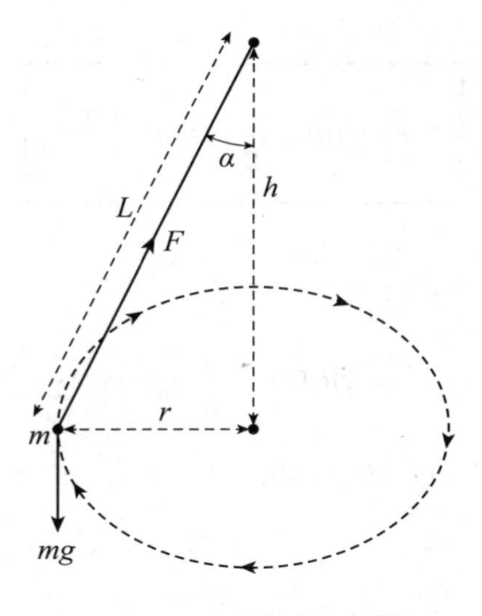

图 22-2　圆锥摆的几何图

$$m\frac{4\pi^2 r}{T^2}$$

这个力由绳子张力在水平方向上朝内（径向）的分力提供，大小为 $F\sin(\alpha)$。也就是说

$$F\sin(\alpha) = m\frac{4\pi^2 r}{T^2}$$

因为沿轨道运动的物体没有竖直方向上的运动，所以其受到的竖直方向上的合力为零。也就是说，绳子张力在竖直方向上的分力与物体向下的重力相等，因此

$$F\cos(\alpha) = mg$$

即

$$m = \frac{F}{g}\cos(\alpha)$$

所以（在这里先不要消除等式两边的 F）可以得到

$$\boxed{F\sin(\alpha)=\frac{F}{g}\cos(\alpha)\frac{4\pi^2 r}{T^2}}$$

最后，由几何学可以得到

$$\frac{r}{L}=\sin(\alpha),\quad \frac{h}{L}=\cos(\alpha)$$

把这两个表达式代入方框中的消除了 F 的等式中，可以得到

$$g=\frac{4\pi^2 h}{T^2}$$

请注意，我们不需要知道 m、r 或者 L 的值，只需要知道 h 和 T 的值，就可以计算出 g 的值了。

然而，要手动完成这一实验需要相当好的平稳性。如果能让这一操作稍微机械化一些，可以把手放在垂直同步电机的杆上，这就会变得容易得多。[6] 例如，使用一个 60rpm 的电机，自动把绕轨道运行一周的时间定为 $T=1$ 秒，这样你就不需要秒表了。现在唯一要测量的就是 h 的值。不过，这个实验方法确实有一个令人感到好奇的地方：只有在 L 超过一定临界长度时才有效，尽管一旦超过这一长度，L 究竟多长就无关紧要了！原因如下。

再看方框中的方程，消除 F，得到

$$\frac{g}{\cos(\alpha)}=\frac{4\pi^2 r}{T^2\sin(\alpha)}=\frac{4\pi^2 r}{T^2\left(\frac{r}{L}\right)}=\frac{4\pi^2 L}{T^2}=\left(\frac{2\pi}{T}\right)^2 L$$

把常数 $\frac{2\pi}{T}$ 记作 ω（质量为 m 的物体的固定旋转角速度）——记住，由于我们现在使用的是同步电机，所以 T 是一个固定值。所以可以得到

$$\frac{g}{\cos(\alpha)}=\omega^2 L$$

或者

$$\cos(\alpha) = \frac{g}{\omega^2 L}$$

要使其具有物理学意义（即 α 应为实数），则必须令 $\cos(\alpha) < 1$，也就是说

$$L > \frac{g}{\omega^2}$$

对于一个 60rpm 的电机（$T = 1$ 秒），可以得到

$$L > \frac{32.2\text{英尺/秒}^2}{\left(\frac{2\pi}{1\text{秒}}\right)^2} = \frac{32.2}{4\pi^2}\text{英尺} = 0.816\text{英尺}$$

因此 L 必须大于 10 英寸不到一点。[7]

简便方法 3：水平摆法

第二种方法也涉及在水平圆周轨道上旋转一个物体，但该实验只需要一个简单的小管即可（中间的小管可以用卫生纸卷筒制成）。我们需要用到的装置如图 22-3 所示。你可以用一根钓鱼线穿过小管，并在钓鱼线的两端系上两个相同的物体（可以用垫圈）。然后，把小管竖直拿在手中，让上面的物体做半径为 r、周期为 T 的圆周运动。

轨道速度（与圆锥摆一样）为

$$v = \frac{2\pi r}{T}$$

所以向心加速度为

$$\frac{v^2}{r} = \frac{4\pi^2 r}{T^2}$$

所以，钓鱼线中的张力为

$$F = m\frac{4\pi^2 r}{T^2}$$

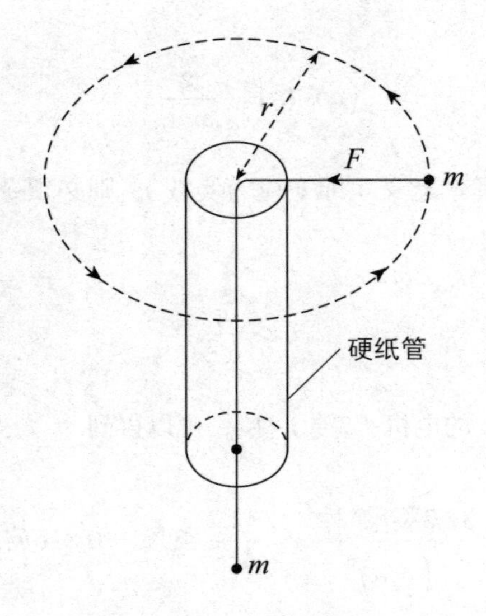

图 22-3 水平摆的几何图

该张力由所挂物体的重力提供，因此

$$F = mg = m\frac{4\pi^2 r}{T^2}$$

或者

$$g = \frac{4\pi^2 r}{T^2}$$

发明这个巧妙方法的人[8]又想出了一个同样巧妙的方法来测量 r：“可在‘钓鱼线’上距离‘做轨道运动的物体’的已知距离处打几个结，从而使半径 r 易于测量。”即让沿轨道运动的物体旋转起来，直到一个（或两三个）事先测量好距离的绳结刚好从小管中出现，然后让朋友用秒表测量完成整数个轨道运动的时间，从而求出 T 的平均值。就是这么简单！

简便方法 4：垂直摆法

接下来的这个测量 g 的方法几乎用不到什么东西，如图 22-4 所示，只要把质量为 m 的物体（几个金属垫圈）系在一根绳子的一端并让它做半径

为 r 的圆周运动就可以了，不过现在的轨道是一个竖直平面。你将以一种非常特殊的方式转动该物体——在你让它旋转之后，缓慢降低转动速度，直到你感觉到物体在轨道最高点时绳子刚好开始变松。

需要一些实验和试错练习才能掌握这一技巧，但是这个方法的发明者[⑨]表示他的学生很快就掌握了。对你而言这可能有点奇怪，不过以下就是这种方法的关键。

与圆锥摆和水平摆不同，垂直摆中物体的轨道速度和绳子中的张力不是一个常数。如图 22-4 所示，如果 α 是物体在轨道运动中的角度，那么速度和张力都是 α 的函数，即 $v = v(\alpha)$、$F = F(\alpha)$。此外，$v(0)$ 为轨道最低点的速度，$v(\pi)$ 为轨道最高点的速度（$\alpha = \pi$，弧度 = 180°）。以下是根据能量守恒定律进行的分析，即对于所有 α，物体的势能（P.E.）与动能（K.E.）之和恒定。我们把轨道的最低点作为零势能的参考点。

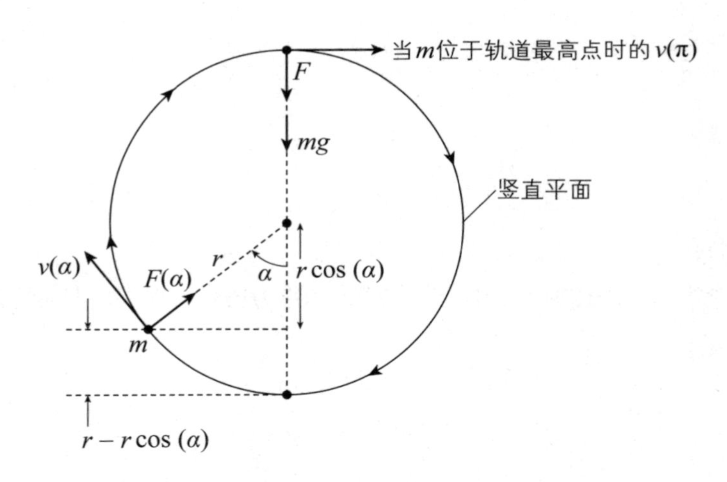

图 22-4　垂直摆的几何图

在轨道最高点处，物体的 K.E. 与 P.E. 分别为

$$\text{K.E.} = \frac{1}{2}mv^2(\pi),\quad \text{P.E.} = 2rmg$$

对于任意 α，

$$\text{K.E.} = \frac{1}{2}mv^2(\alpha), \quad \text{P.E.} = [r - r\cos(\alpha)]mg = rmg[1 - \cos(\alpha)]$$

所以，根据能量守恒定律，可以得到

$$\frac{1}{2}mv^2(\pi) + 2rmg = \frac{1}{2}mv^2(\alpha) + rmg[1 - \cos(\alpha)]$$

或者

$$\frac{1}{2}v^2(\pi) + 2rg = \frac{1}{2}v^2(\alpha) + rg[1 - \cos(\alpha)]$$

我们可以用如下方法确定 $v(\pi)$。在轨道最高点处的向心加速度为

$$\frac{v^2(\pi)}{r}$$

所需的力为

$$m\frac{v^2(\pi)}{r}$$

这个力由作用在物体上的绳子的张力和重力的合力提供，方向均为竖直向下。因此

$$m\frac{v^2(\pi)}{r} = F + mg$$

由于在轨道最高点时 $F = 0$（你是有目的地摆动物体，让绳子在最高点时刚好变松），可以得到

$$\frac{v^2(\pi)}{r} = g$$

或者

$$v^2(\pi) = rg$$

因此能量守恒方程变成

$$\frac{1}{2}rg + 2rg = \frac{1}{2}v^2(\alpha) + rg[1 - \cos(\alpha)]$$

经过简单代数运算后可以得到

$$v(\alpha) = \sqrt{3rg\left\{1 + \frac{2}{3}\cos(\alpha)\right\}}$$

下面是继续进行分析的关键点。如果 $\mathrm{d}s = r\,\mathrm{d}\alpha$ 是全部轨道路径的微分部分，那么物体经过该距离的微分时间 $\mathrm{d}t$ 为

$$\mathrm{d}t = \frac{\mathrm{d}s}{v(\alpha)} = \frac{r\,\mathrm{d}\alpha}{v(\alpha)}$$

所以，绕轨道完整运动一周所需的时间（轨道时间）为

$$T = \int \mathrm{d}t = \int_0^{2\pi} \frac{r\,\mathrm{d}\alpha}{v(\alpha)}$$

其中积分部分根据一次轨道运动所得，即

$$T = \int_0^{2\pi} \frac{r\,\mathrm{d}\alpha}{\sqrt{3rg\left\{1 + \frac{2}{3}\cos(\alpha)\right\}}} = \sqrt{\frac{r}{3g}} \int_0^{2\pi} \frac{\mathrm{d}\alpha}{\sqrt{1 + \frac{2}{3}\cos(\alpha)}}$$

求解 g，可以得到

$$g = \frac{r}{3T^2}\left\{\int_0^{2\pi} \frac{\mathrm{d}\alpha}{\sqrt{1 + \frac{2}{3}\cos(\alpha)}}\right\}^2$$

当然，定积分是一个纯数字。该方法的发明者（注释⑨）认为积分可以通过图形计算（使用积分的面积表示法），又表示该结果“大约是 7”。实际上，很容易证明该积分是第一类椭圆积分，[10]可在表中查询该值（表中的值为 6.993，非常接近于 7）。

简便方法 5：双重下落法

到目前为止，我所介绍的测量 g 的所有方法都涉及在绳子的一端旋转一个物体，不过，最后介绍的这个方法将直接回到我们常联想到的重力：物体下落。

你肯定也已经注意到，前文提及的每一个分析方法最后都回到了时间上，这最后一个方法可以追溯到 19 世纪末期一本名为《新物理学》（*The New Physics*）（1884 年）的教材。该教材由约翰·特罗布里奇（John Trowbridge，1843—1923）编写。特罗布里奇从 1870 年直至 1914 年退休，都一直在哈佛大学担任物理学教授。他描述的测量 g 的方法在理论上极为完美。图 22-5 所示为该实验的装置。

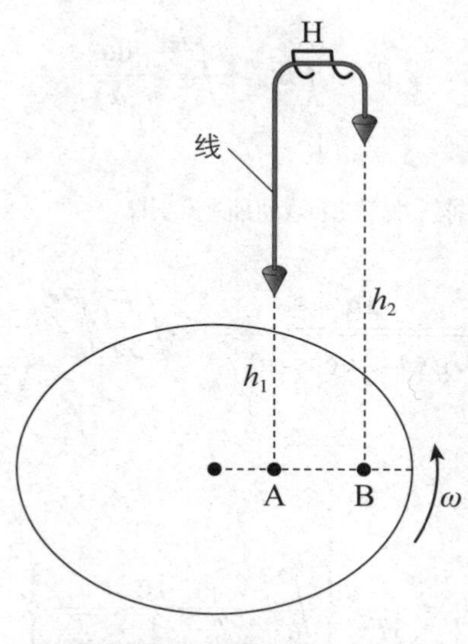

图 22-5 双重下落几何图

将两个相同且等重的尖头铅锤悬挂于一个静止的圆盘之上，一旦通电，圆盘就会以恒定的角速度旋转。如果铅锤下落，会击中圆盘上的 A、B 两点，且 A、B 两点位于同一条直径上。假设在圆盘上贴有一张硬纸，那么，铅锤下落就会在纸上砸出一个孔。如图所示，两个铅锤由同一条线连接（很快你就会知道个中原因），穿过一个双重挂钩 H。离圆盘中心较近的铅锤的高度为 h_1，另一个铅锤的高度为 h_2，且 $h_1 < h_2$。

我们让圆盘以恒定角速度 ω 旋转，并让两个铅锤同时下落。这里的“同时”是关键所在，让两个铅锤能同时下落的一种简单方法为用火柴燃烧连接线，这比用剪刀剪断连接线要好得多，因为它避免了铅锤之间微小的推挤作用，这种作用在用剪刀剪断连接线时肯定会产生。连接线断开后，两个尖头的铅锤就落到了圆盘上，设它们从断开后落到圆盘上的时间分别为 t_1 和 t_2，则

$$\frac{1}{2}gt_1^2 = h_1$$
$$\frac{1}{2}gt_2^2 = h_2$$

很明显，$t_2 > t_1$，即

$$t_1 = \sqrt{\frac{2h_1}{g}} < t_2 = \sqrt{\frac{2h_2}{g}}$$

因此，两个铅锤下落时间的差值为

$$\Delta t = t_2 - t_1 = \sqrt{\frac{2}{g}}\left(\sqrt{h_2} - \sqrt{h_1}\right)$$

当第一个铅锤落到旋转的纸张上时，它打出了一个孔。在时间 Δt 之后，第二个铅锤落到旋转的纸张上，又打出了另一个孔。因为纸张在旋转，所以这两个孔不在同一条直径上。事实上，它们在相差角度为 θ 的两条不同的直径上，其中

$$\theta = \omega \Delta t = \omega \sqrt{\frac{2}{g}}(\sqrt{h_2} - \sqrt{h_1})$$

求解 g，可以得到

$$g = \frac{2\omega^2 \left(\sqrt{h_2} - \sqrt{h_1}\right)^2}{\theta^2}$$

如果我们知道 h_1、h_2 和 ω，又测得 θ，那么就可以算出 g。

我不知道特罗布里奇用什么作为旋转圆盘，不过一位现代作家建议可以用老式唱片机转盘。[11] 现在，这些设备已经不像 20 世纪 50 年代那么流行了（在我念高中时，西方社会每个年轻人的卧室里都有一台唱片机），但是仍然能找到。[12] 标准转盘有三种可选速度：$33\frac{1}{3}$ rpm、45rpm、78rpm。对于唱片机转盘而言，只要旋转速度稍有偏差，就能把一首浪漫的曲子变成金花鼠的吱吱乱叫或是来自深桶底部的低沉闷响，所以，唱片机转盘具有很精确的计时功能。

一旦确定 h_1 和 h_2，只需测量 θ 即可。如果我们用的是 78rpm 的转盘，$h_1 = \frac{1}{2}$ 英尺，$h_2 = 2$ 英尺，那么这个角度的值为多少呢？由于 78rpm 为

$$\omega = \frac{78}{60} \times 2\pi \frac{\text{弧度}}{\text{秒}} = 2.6\pi \frac{\text{弧度}}{\text{秒}}$$

可以得到

$$\theta = \omega \Delta t = 2.6\pi \sqrt{\frac{2}{32.2}} \left(\sqrt{2} - \sqrt{\frac{1}{2}}\right) \text{弧度} = 1.44\text{弧度} \approx 82^\circ$$

这是一个很容易测量的角度。当转盘速度为 $33\frac{1}{3}$ 时，$\theta \approx 35^\circ$；当转盘速度为 45rpm 时，$\theta \approx 48^\circ$。

算出万有引力常数 G！

在本章末，我将介绍一些很多物理学家都不了解的历史知识。本章的内容说明了 g 不难测定，在得知 g 的值后，我们就可以计算万有引力常数 G。在牛顿的平方反比律中，计算距离为 r 的两个质点 M 和 m 之间的万有引力时，需要用到常数 G：

$$F = G\frac{Mm}{r^2}$$

你需要了解的非常重要的一点是，牛顿从来没写过这个方程（实际上也没写过 g [13]）！万有引力常数 G 和重力加速度 g 在牛顿去世多年之后才被引入物理学。尤其是，万有引力常数 G 直到 19 世纪末才出现。

设 M 为地球的质量，m 为其他物体（例如茶杯）的质量，那么茶杯所受到的引力（我们称为重力）为 mg。由于 $r = R$（地球半径），则

$$mg = G\frac{Mm}{R^2}$$

因此

$$G = \frac{gR^2}{M}$$

如果地球的平均密度为 ρ，那么

$$M = \frac{4}{3}\pi R^3\rho$$

从而得到

$$G = \frac{3g}{4\pi R\rho}$$

（注释：$F = mg$ 中的 m 称为惯性质量，$F = G\frac{Mm}{R^2}$ 中的 m 称为引力质量。这两个质量相等的规律被称为等效原理，而这正是广义相对论的起点。）

早在公元几百年之前，受过教育的人们就已经知道，地球是一个半径为 4 000 英里的球体。[14] 而且，通过观察，可以得知地壳的密度是水的两

倍，并且假设地球的内部密度更大，牛顿猜想地球的平均密度为水的 5 到 6 倍。[15] 1798 年，卡文迪许实验（参考第 5 章注释④）测得地球的平均密度为 5 540 $\frac{\text{千克}}{\text{米}^3}$，正好位于牛顿“估算”区间的中间。只要把所有相关数值代入前面关于 G 的等式，牛顿本可以计算出 G 的值！使用牛顿估算的中点值来计算 ρ，可以得到

$$\begin{aligned} G &= \frac{3\times 9.8\frac{\text{米}}{\text{秒}^2}}{4\pi\times 4\ 000\ \text{英里}\times 1\ 609\frac{\text{米}}{\text{英里}}\times 5\ 500\frac{\text{千克}}{\text{米}^3}} \\ &= 6.6\times 10^{-11}\frac{\text{米}^3}{\text{千克}\cdot\text{秒}^2} \end{aligned}$$

这与现在的值只有 1% 的误差。

但是等等！你会反驳。因为我在前文提到，牛顿从来没有写过 g，当然也不可能知道 g 的值，那他怎么可能知道 g 是“9.8 米 / 秒 ^{2}”？我的观点是，如果他做过本章介绍的其中一个实验，就会知道 g 的值。当然，他需要一个好的计时仪器，但是在他那个时代很难找到这样的仪器。他所保存下来的研究笔记包括对重力实验中所用的摆钟的评论（参考注释⑬中的赫里韦尔）。

由于没有计算出 G，牛顿错失了又一次名声大噪的机会。然而，因为牛顿是天才同时也是人类，所以会犯和我们一样的错误。详细请阅读尾声“牛顿的错误”。如今，一个高中生，只要微积分和物理成绩较为优秀，就可以解决牛顿碰到的问题。然而，尽管牛顿犯错的原因仍然无从得知，但我认为，他的错误只是一个计算错误而已，算不上什么大问题。

下面，你可以做一个小小的计算，就可以知道月球上的重力加速度。地球的质量是月球的 81 倍，直径是月球的 4 倍，由此可以得知，月球上的重力加速度 $\approx\frac{1}{5}g$。（1971 年，艾伦·谢泼德在阿波罗 14 号上执行任务时用“高尔夫球实验”证明了这一点。）

注释

①《月球上的火堆》(*Of a Fire on the Moon*，1970)。

② 请参考理查德 · M. 萨顿(Richard M. Sutton)写作的《轨迹的实验自绘图》(*Experimental Self-Plotting of Trajectories*)，发表于《美国物理学杂志》1960 年 12 月刊第 805—807 页。

③ 这篇文章发表的时间较近，作者罗纳德 · 纽伯格(Ronald Newburgh)恰当地将文章起名为《重力的把戏》(*a trick of gravity*)，发表于《物理学教师》2010 年 9 月刊第 401—402 页。

④ 请参考《帕金斯夫人的电热毯》，普林斯顿大学出版社，2009 年出版，第 18—23 页。

⑤ 例如，参考库尔特 · 威克(Kurt Wick)和基思 · 鲁迪克(Keith Ruddick)发表的文章《用下落的小球精确地测量 g》(*An Accurate Measurement of g Using Falling Balls*)，发表于《美国物理学杂志》1999 年 11 月刊第 962—965 页。这篇文章讨论的方法是，将空气阻力考虑在内，测量被下落的小球挡住的两道光的时间差(精确到 0.01%)。时间是用电子方法记录的，精确度可以达到微秒级。

⑥ 欲知更多信息，请参考亨利 · 克劳斯特加德(Henry Klostergaard)的《匀速圆周运动测定重力加速度 g》(*Determination of Gravitational Acceleration g Using a Uniform Circular Motion*)，发表于《美国物理学杂志》1976 年 1 月刊第 68—69 页。

⑦ 如果 L 小于这个临界长度会发生什么呢？该物体就不会再做圆周运动，而是会直接挂下来，沿着本身的轴旋转。参考注释⑥中的文章就不难证明这一点。

⑧ 可参考弗朗西斯 · 温德里希(Francis Wunderlich)的《圆周运动确定‘g’》(*Determination of ‘g’ through Circular Motion*)，发表于《美国物理学杂志》1966 年 12 月刊第 1199 页。

⑨ 可参考阿尔伯特 · B. 斯图尔特(Albert B. Stewart)写作的《圆周运动》(*Circular Motion*)，发表于《美国物理学杂志》1961 年 6 月刊第 373 页。

⑩ 回顾第 19 章方框中关于 E 的等式，在研究运输管问题时首次接触到了椭

圆积分。这是纯数学方法，而不是物理学方法，但是如果你感兴趣的话，可以按以下步骤把我们的积分转换成第一类椭圆积分：（1）写下 $\int_0^{2\pi}\frac{\mathrm{d}x}{\sqrt{1+a\cos(x)}}$；（2）改变变量，令 $x=2u$；（3）经过简单的代数运算和三角转换可以得到 $\int_0^{2\pi}\frac{\mathrm{d}x}{\sqrt{1+a\cos(x)}}=\frac{4}{\sqrt{1+a}}\int_0^{\pi/2}\frac{\mathrm{d}u}{\sqrt{1-\frac{2a}{1+a}\sin^2(u)}}$；（4）设 $a=\frac{2}{3}$，在数学表中找出积分的值。

⑪ 可参考小托马斯·B. 格林斯莱德（Thomas B. Greenslade）的《用特罗布里奇的方法测量重力加速度》（*Trowbridge's Method of Finding the Acceleration due to Gravity*），发表于《物理学教师》1996 年 12 月刊第 570—571 页。

⑫ 你可以在亚马逊上花 80 美元买一个全新的唱机转盘，我在 eBay 上仅用 15 美元就买到了一个二手唱机转盘。

⑬ 牛顿当然理解重力加速度的概念，也确实做了实验，然而他的结果是以“小球在一秒钟内下落的距离”而非“英尺 / 每平方秒”的方式呈现的。他最终得到的重力加速度的值是 1 秒钟内经过 196 英寸，与正确值非常接近（正确值为 32.2 英尺 / 每平方秒，下落过程中的第一秒下落的距离为 193.2 英寸）。参考约翰·赫利维尔（John Herivel）所写的《牛顿原理的背景：1664—1684 年间牛顿所作的动力学研究》（*The Background to Newton's Principia: A study of Newton's Dynamical Researches in the Years 1664—1684*），牛津大学出版社 1965 年出版，第 186—189 页。

⑭ 这一认识通常可追溯至昔兰尼的埃拉托斯特尼（Eratosthenes，276—194 BC）。埃拉托斯特尼除了是著名的已失落的亚历山大图书馆的馆长外，还发现了确定素数的基本方法，这种方法被称为“埃拉托斯特尼筛查法”（Sieve of Eratosthenes）。你可以在任何一本有关数学史的书中看到这个故事。

⑮ 你可以在《原理》（*Principia*）一书 1729 年安德鲁·莫特（Andrew Motte）英译的版本中找到这个建议（原文为拉丁文，是牛顿时代国际科学出版物的通用语言），该书由加利福尼亚大学出版社于 1934 年出版。

第23章

牛顿的错误

天才是不会犯错的。

他所犯的错误……正是通往新发现的大门。

——詹姆斯·乔伊斯[①]（James Joyce）

牛顿的论断

伟大的牛顿于1687年发表了其巨著《原理》(*Principia*)，在《原理》的第三篇《论宇宙系统》(*The System of the World*)中，牛顿生动地说明了引力作用是多么微弱。他让读者假设有两个相同的球体，每个球体的直径为1英尺，密度与地球的平均密度（水的5.5倍）相当。如果两个球体一开始均为静止状态，“并且两个球体之间相距1/4英寸，那么即使没有空间阻力，两个球体也不会在一个月的时间内由于相互之间的引力作用而碰到一起。……不仅如此，整座山也不够产生任何让人感觉得到的作用力。”[②]

牛顿没有提供计算过程来证明他的论述，实际上，不管他做了什么样的计算，都一定会犯错。因为牛顿的上述论述是错误的，而且实际上是一个巨大的错误。以下是根据现代物理学知识计算所得的两个球体碰在一起需要的时间。

两个小球需要多长时间才能由于万有引力碰在一起?

图 23-1 表示牛顿所述的案例中的两个球体，组合中心位于原点，初始状态时两个球体的中心分别位于 $x=-p-\frac{1}{2}s$ 处与 $x=p+\frac{1}{2}s$ 处，其中 p 为每个球体的半径，s 为两个球体的初始距离。由对称性可得，如果右侧球体的中心为 x ($0 \le x \le p+\frac{1}{2}s$)，那么左侧球体的中心为 $-x$。

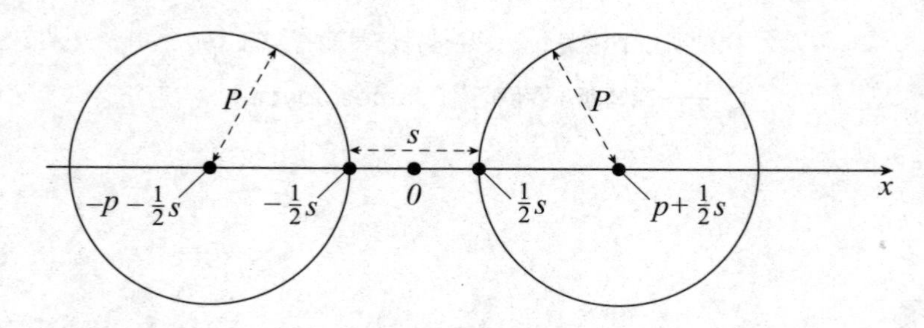

图 23-1 时间 $t = 0$ 时，牛顿的两个受重力作用的球体

因此，设 F 为作用于球体上的万有引力，根据牛顿的平方反比律和基本运动定律（力等于质量乘以加速度），可得到右侧球体（$x > 0$）所受到的万有引力表达式，为

$$F = m\frac{\mathrm{d}^2x}{\mathrm{d}t^2} = -G\frac{m^2}{(2x)^2} = -\frac{Gm^2}{4x^2}$$

上式的最后两项是负的，因为右侧球体会移向左侧，朝 x 减小的方向移动。因此

$$\frac{\mathrm{d}^2x}{\mathrm{d}t^2} = -\frac{Gm}{4x^2}, \quad 0 \le x \le p+\frac{1}{2}s$$

现在我们要计算球体从 $x=p+\frac{1}{2}s$ 处移动到 $x=p$ 处所需的时间，两球在这一点上刚好相碰。③

如我们在第 19 章中分析高速运输管时一样，现在，我们要开始用点标记法表示数学分析中的导数，即

$$\frac{\mathrm{d}^2x}{\mathrm{d}t^2}=\ddot{x}=\frac{\mathrm{d}\dot{x}}{\mathrm{d}t}=\left(\frac{\mathrm{d}\dot{x}}{\mathrm{d}x}\right)\left(\frac{\mathrm{d}x}{\mathrm{d}t}\right)=\frac{\mathrm{d}\dot{x}}{\mathrm{d}x}\dot{x}$$

因此，我们的重力等式变成

$$\frac{\mathrm{d}\dot{x}}{\mathrm{d}x}\dot{x}=-\frac{Gm}{4x^2}$$

又可以改写成

$$\dot{x}\mathrm{d}\dot{x}=-\frac{Gm}{4x^2}\mathrm{d}x$$

经过不定积分后得到

$$\frac{1}{2}\dot{x}^2=\frac{Gm}{4x}+C$$

其中，C（目前）是一个任意常数。

观察右侧的球体，当 $x=p+\frac{1}{2}s$ 时 $\dot{x}=0$，从而可以计算出 C 的值。也就是说，

$$0=\frac{Gm}{4\left(p+\frac{1}{2}s\right)}+C=\frac{Gm}{4p+2s}+C$$

因此

$$C=-\frac{Gm}{4p+2s}$$

因此

$$\frac{1}{2}\dot{x}^2=\frac{Gm}{4x}-\frac{Gm}{4p+2s}$$

或者

$$\begin{aligned}\left(\frac{\mathrm{d}x}{\mathrm{d}t}\right)^2 &= \left[\frac{Gm}{2x}-\frac{Gm}{2p+s}\right]=Gm\left[\frac{2p+s-2x}{2x(2p+s)}\right]\\ &= Gm\left[\frac{2\left(p+\frac{1}{2}s-x\right)}{2x(2p+s)}\right]=\frac{Gm}{2p+s}\left[\frac{p+\frac{1}{2}s-x}{x}\right]\end{aligned}$$

求解 $\frac{\mathrm{d}x}{\mathrm{d}t}$ 后，可以得到

$$\frac{\mathrm{d}x}{\mathrm{d}t}=-\sqrt{\frac{Gm}{2p+s}\left[\frac{p+\frac{1}{2}s-x}{x}\right]}=-\sqrt{\frac{Gm}{2p+s}}\sqrt{\frac{p+\frac{1}{2}s-x}{x}}$$

这里我们选择负的平方根，是因为我们知道右侧的球体会移向左侧（朝着 x 减小的方向）。即当 $x<p+\frac{1}{2}s$ 时，右侧球体的速度是负的。因此，分离变量后可以得到

$$\mathrm{d}t=-\sqrt{\frac{2p+s}{Gm}}\sqrt{\frac{x}{p+\frac{1}{2}s-x}}\,\mathrm{d}x$$

当 t 由 0 变化至 T（两球刚好相碰的时间），x 从 $p+\frac{1}{2}s$ 变化至 p。因此，积分后可以得到

$$\int_0^{\mathrm{T}}\mathrm{d}t=T=-\sqrt{\frac{2p+s}{Gm}}\int_{p+\frac{1}{2}s}^{p}\sqrt{\frac{x}{p+\frac{1}{2}s-x}}\,\mathrm{d}x$$

很容易计算这个积分。假设令 $c=p+\frac{1}{2}s$，那么不定积分为

$$\int\sqrt{\frac{x}{c-x}}\,\mathrm{d}x$$

首先把变量变成

$$u=(c-x)^{1/2}$$

因此

$$x = c - u^2$$

则

$$\frac{\mathrm{d}x}{\mathrm{d}u} = -2u$$

因此 $dx = 2udu$。因此

$$\begin{aligned}\int \sqrt{\frac{x}{c-x}}\mathrm{d}x &= \int \sqrt{\frac{c-u^2}{u^2}}(-2u\mathrm{d}u) \\ &= -2\int \sqrt{c-u^2}\mathrm{d}u \\ &= -2\int \sqrt{\left(\sqrt{c}\right)^2 - u^2}\mathrm{d}u\end{aligned}$$

根据积分表，可以得到

$$\int \sqrt{a^2-u^2}\mathrm{d}u = \frac{u\sqrt{a^2-u^2}}{2} + \frac{a^2}{2}\sin^{-1}\left(\frac{u}{a}\right)$$

因此，由于 $u^2 = c - x$，且 $a = \sqrt{c}$，可以得到

$$\int \sqrt{\frac{x}{c-x}}\mathrm{d}x = -\sqrt{c-x}\sqrt{x} - c\sin^{-1}\left(\frac{\sqrt{c-x}}{\sqrt{c}}\right)$$

因此

$$\begin{aligned}T &= -\sqrt{\frac{2p+s}{Gm}}\left[-\sqrt{p+\frac{1}{2}s-x}\sqrt{x} - \left(p+\frac{1}{2}s\right)\right. \\ &\quad \left.\times \sin^{-1}\left(\sqrt{1-\frac{x}{p+\frac{1}{2}s}}\right)\right]\Bigg|_{p+\frac{1}{2}s}^{p} \\ &= \sqrt{\frac{2p+s}{Gm}}\left[\sqrt{\frac{1}{2}s}\sqrt{p} + \left(p+\frac{1}{2}s\right)\sin^{-1}\left(\sqrt{1-\frac{p}{p+\frac{1}{2}s}}\right)\right]\end{aligned}$$

最终

$$T=\sqrt{\frac{2p+s}{Gm}}\left[\sqrt{\frac{1}{2}ps}+\left(p+\frac{1}{2}s\right)\sin^{-1}\left(\sqrt{\frac{\frac{1}{2}s}{p+\frac{1}{2}s}}\right)\right]$$

你可以验证，这一最终结果的右边式子在量纲上是正确的，也就是说，它的单位为秒。

结果竟然是：只需5分钟！

对于牛顿所说的两个小球由于引力互相碰在一起的问题，可得

$$p = \frac{1}{2}\text{英尺} = 0.1524\text{米}$$

$$s = \frac{1}{4}\text{英寸} = 0.00635\text{米}$$

$$m = \frac{4}{3}\pi r^3\rho = \frac{4}{3}\pi(0.1524\text{米})^3 \times 5\,500\frac{\text{千克}}{\text{米}^3} = 81.547\text{千克}$$

以及

$$Gm = 6.67\times10^{-11}\frac{\text{米}^3}{\text{千克}\cdot\text{秒}^2}\times81.547\text{千克} = 54.4\times10^{-10}\frac{\text{米}^3}{\text{秒}^2}$$

因此

$$T = \sqrt{\frac{0.311}{54.4\times10^{-10}}}\left[0.022+0.1556\sin^{-1}\left(\sqrt{\frac{0.003175}{0.1556}}\right)\right]\text{秒} = 335\text{秒}$$

一年有 365 天，一年的 $\frac{1}{12}$（牛顿的“一个月”）为 2 628 000 秒，因此，远小于一个月的时间，两个小球就会碰到一起！我们可以看到，牛顿的误差有 8 000 倍！

不得不承认，最终表达式相当复杂。因为这是一个准确的结果，对于所有的 s、p 和 m 都有效。但如果我们愿意利用 s 在牛顿的问题中很小这一事实，就可以得到一个简单得多的结果。对于准确的表达式，这是一个有用的检查方法，物理学家经常通过准确结果获得额外的自信。这个想法很简单：如果两个相同的质点距离为 r，那么一开始作用于两质点上的引力为

$$F = \frac{Gm^2}{r^2}$$

引力让两个物体加速靠近，当它们靠近彼此时，r 减小，因此 F 增大，所以加速度也增大。

但是，正如在牛顿的问题中，与 r 相比，物体移动的距离“很小”（对牛顿而言只有 $\frac{1}{8}$ 英寸，$s = \frac{1}{4}$ 英寸的一半），那么，从开始到结束的过程中，把加速度当成一个常数，也是很合理的近似。

根据图 23-1，两个球体中心最初的距离为

$$r = 2\left(p + \frac{1}{2}s\right) = 2p + s$$

最初的加速度为 a，其中

$$F = ma = \frac{Gm^2}{r^2}$$

因此

$$a = \frac{Gm}{\mathrm{r}^2} = \frac{Gm}{(2p+s)^2}$$

如上所述，在两个球体移动距离 $d=\frac{1}{4}$ 英寸的过程中，我们把加速度 a 当作一个常数。如上文所述，在恒定加速度下，物体从静止开始到通过距离 d 的时间 T' 为

$$d=\frac{1}{2}aT'^2$$

或者

$$T'=\sqrt{\frac{2d}{a}}=\sqrt{\frac{2d}{\frac{Gm}{(2p+s)^2}}}$$

因为 $d=\frac{1}{2}s$，则

$$T'=(2p+s)\sqrt{\frac{2d}{Gm}}=(2p+s)\sqrt{\frac{s}{Gm}}$$

T' 的表达式比 T 简单得多，但是记住，T' 只是一个近似值。那么，T' 是多少呢？代入前面计算的 p、s 和 m 的值，可以得到

$$T'=(2\times 0.1524+0.00635)\sqrt{\frac{0.00635}{54.4\times 10^{-10}}}\text{秒}=336\text{秒}$$

与准确值 T 相比只相差了 1 秒！实际上，对于牛顿的问题而言，T' 是一个很好的近似值。

不得不承认，上述整个讨论不会发生在日常生活中。很有可能，这只是物理学家才会感兴趣的问题。我之所以将这个问题写进本书中，一个原因是因为这个物理学家刚好是伟大的牛顿，而我希望另一个就是你。此外，这是个通过简单物理学和数学就能解决的问题。

“简单物理学”并不意味着头脑简单的物理学。如果本书让你相信了这一点，那么，我的工作就算圆满完成了。

注释

① 出自《尤利西斯》(*Ulysses*)，这句话正好可以用来描述牛顿。

② 你可以在安德鲁·莫特 1729 年的译作《原理》(*Principia*)一书（第 570 页）上看到这个引用，该书由加利福尼亚大学出版社于 1934 年出版。

③ 我们也用到了牛顿的另一个结论：一个密度均匀的球体对球体外任何一点的引力作用，等于该球点的质量中心对该点的引力作用。

善用量纲分析

我猜本书中最让我记忆深刻的部分就是量纲分析或说量纲论证，

它给出了一个很好的整体视角，可以把许多章节都联系在一起。

在我教授初级水平和高级水平的物理课程时，这都是一个很好的方法。

学生们很喜欢用量纲，部分原因在于这是一种不涉及复杂计算的方法。

—— 汤姆 · 赫利维尔①

后记应该是一本书的结束语，但有时计划总是赶不上变化。在本书将近完稿之时，我问汤姆·赫利维尔是否愿意给本书写篇序。赫利维尔是 20 世纪 70 年代我在哈维穆德学院（位于加利福尼亚州克莱尔蒙特市）执教时的同事。你当然知道赫利维尔教授同意写序言，因为序言就在本书的最前面。但是，汤姆并不是草草浏览后就写下几行漂亮的文字："这是一本很棒的书，买了它吧，你会喜欢它的。即使不喜欢，还可以用它来作挡门砖。"事实上，汤姆不但精读了这本书，还提出了很多建议。我不得不承认，他提出的建议令我无法逃避，都是有益的。在本书进入审稿环节之前，我把汤姆所有的建议都融入在了已完成的章节中，除了一个问题之外。但这个额外的问题又让我觉得非常重要，所以，就像汤姆建议的那样，我打算再补写一章（我本应自己想到这一点）。

从开篇的引子中应该就能猜出，我打算谈一谈量纲分析。我在早期的一本书中简要地提过这个话题，所以，在开始谈及量纲分析之前，请允许我在此处引用一段当时写过的内容：

> 55 年前，我还是斯坦福大学物理学 51 课上的新生，参加了很多考试，但其中一场令我尤为印象深刻。那场考试中有一道题，这道题描述了一个物理学情境，最后要求学生们计算玻璃管的毛细作用能把液体往上吸多远。这是一道很简单的送分题，教授出这道题的目的是想让每个学生都能取得好成绩。回答这道题只需要记得一个公式，而这个公式是在课堂上得出的，而且在课堂测试和家庭作业中都出现过好几次。面对这道题，要做的只是把数字代入公式中，然后计算出结果，如此而已。事实上，教授非常友好，给出了所有的数值。但不幸的是，我完全不记得这个公式，因而也遗憾地失去了这道送分题的分。
>
> 后来，我回到宿舍，和班上的一位同学聊天。他很感谢这道送分题，因为他在课堂上表现得不好，能够得到“免费的”分数觉得很不错。
>
> “所以你记得公式，对吗？”我问道。
>
> “不记得，其实你不需要记得——我猜就是那样的。”他回答道。
>
> “这是什么意思？你不需要记得那个公式？”我惊讶地问道，胃里一片翻滚之感。
>
> “你要做的就是，”这位朋友向我咧着嘴笑，“把所有的数字进行不同的运算，直到出来的单位是长度单位，也就是沿着小管向

上的距离单位，这就大功告成了。”

“但是，但是，”我急着说道，“那是投机取巧啊！”[②]

当然，那并不是投机取巧。我只是在对自己生气，怪自己不够聪明，想不到朋友这种聪明的办法。这是我第一次接触量纲分析，但这个经历不太愉快。

量纲分析巧证勾股定理

下面将介绍这种方法的另一个例子：物理学家如何利用量纲分析证明勾股定理。[③]

图 5 表示一个直角三角形，两个直角边的长度分别为 a 和 b，斜边长度为 c。其中一个内角为锐角，角度为 φ。很明显，只要得知 c 和 φ 后，这个三角形就确定了。

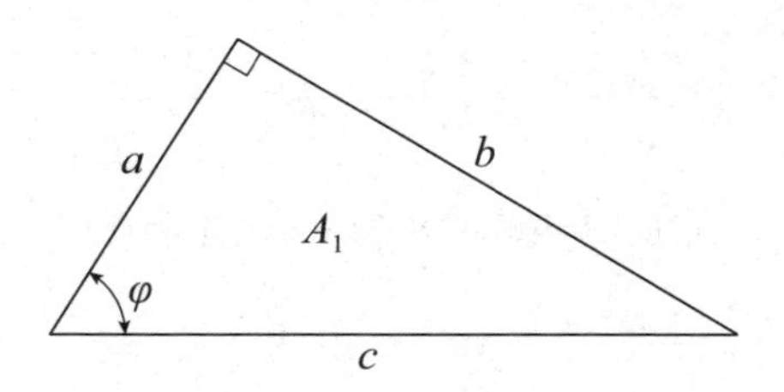

图 5　用量纲分析得出勾股定理 (a)

也就是说，对于给定的 c 和 φ，其他两条边（a 和 b）以及剩下的锐角都只有唯一的值。当然，三角形的面积 A_1 也确定了。因为面积的单位是长度单位的平方，φ 是无量纲的，所以面积肯定与 c 的平方有关。记三角形的面积为

$$A_1 = c^2 f(\varphi) \tag{1}$$

其中 $f(\varphi)$ 是 φ 的某个函数。（很快你就会知道，我们不需要知道 $f(\varphi)$ 的具体表达！）

如图 6 所示，从三角形的直角向斜边画一条垂直的线。这条线把三角形分成了两个更小的直角三角形，其中一个直角三角形面积为 A_2，锐角为 φ，斜边为 a，另一个直角三角形面积为 A_3，锐角为 φ，斜边为 b，就像 (1) 一样，我们就可以得到

$$A_2 = a^2 f(\varphi) \tag{2}$$

以及

$$A_3 = b^2 f(\varphi) \tag{3}$$

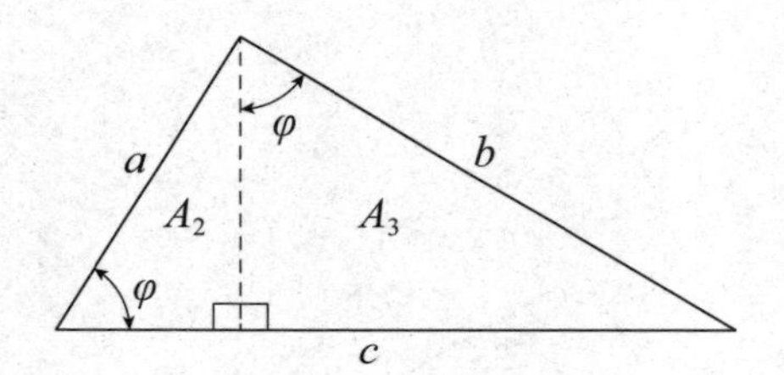

图 6　用量纲分析得出勾股定理 (b)

因为 $A_1 = A_2+A_3$，则 $c^2 f(\varphi) = a^2 f(\varphi)+b^2 f(\varphi)$，所以未知函数 $f(\varphi)$ 可以抵消（这就是不用知道函数具体表达式的原因）。突然之间，我们就得到了已知的等式

$$a^2 + b^2 = c^2 \tag{4}$$

就是这么有用，不是吗？（很容易就能得到。你可以看看自己是否能得到 $f(\varphi) = \frac{1}{2}\cos(\varphi)\sin(\varphi)$ 这个等式。但关键是，你并不需要得到这个等式！）

但是，你可能会说这只是数学。除了我多年以前错过额外得分机会的那

个例子，还有别的物理学方面的使用量纲分析的例子吗？当然有，以下有三个例子。

例 1：第 22 章开头的空中运动与重力加速度无关!

第一个例子是赫利维尔教授在写给我的电子邮件中集中讨论的，这个例子和第 22 章开篇中分析的那个不涉及重力加速度 g 的空中运动问题有关。赫利维尔教授写道："R 可能与什么有关，h、g、m 还是其他参数？这个问题中没有其他重要的参数。[④] α 是没有量纲的，所以没有其他参数能够抵消 g 中时间的量纲，所以 g 不可能出现在答案中。而且，结果中也不可能含有 m，因为无法抵消它的量纲。"

所以，R 是一个只与 h 和 α 有关的函数。不过，要得到第 22 章中的具体答案，就必须经过详细的分析。但汤姆是正确的——不必惊讶，在后一种情形下，很难仅仅通过量纲分析就能得到重力加速度 g 的具体值。

例 2：沙漏的流速与沙柱的高度无关!

下面是物理学中使用量纲分析的第二个例子。

假设沙子从圆孔中掉下来，就像沙漏一样。由许多细小、独立的固体颗粒组成的沙流通过圆孔，就像液体往下流淌一样，但又不像液体。由于单个颗粒之间、外侧颗粒和沙漏壁之间皆存在摩擦力，所以观测到的沙子的流速（单位时间内流下去的沙子的颗粒数）几乎是一个常数——所以，沙漏是一种很好的计时仪器。特别是，这意味着沙子的流速与等着通过小孔的沙柱的高度无关。

这种情形与水流从桶底的小洞中流出来的情况完全不一样，在后一种情况下，流速与"水头"是相关的。

那么，在沙漏问题中，余下的可以影响沙子的流速的参数为沙子的密度 r、小孔的直径 D 以及重力加速度 g。

因此可以得到

$$\frac{\mathrm{d}m}{\mathrm{d}t} = f(\rho, D, g) \tag{5}$$

其中f是某种函数。“某种”这个词有别有意味。f到底是什么呢？我们把f看成是各个变量的幂次方之积，即

$$f(\rho, D, g) = K\rho^a D^b g^c$$

其中K、a、b及c是无量纲的常数。这样做是因为，无论f是什么函数，它和变量之间的函数关系应该与我们所选择的长度、时间和质量的单位无关。毕竟，大自然才不会在乎我们选择的单位是英寸还是米，是秒还是天，是克还是磅。

假设函数形式f具有以下特点：如果我们用一个单位系统来测量质量，那么在一个x倍大的新单位系统中，测量的新质量的值应该是前者的$\frac{1}{x}$倍。同样地，如果让y和z的单位在新的系统中分别为原来的长度和时间的单位的很多倍之大，那么，按照新单位测量出的值就要分别乘以原来的$\frac{1}{y}$和$\frac{1}{z}$。设f为幂函数的乘积，且保留了函数独立性，只需要把单位的改变放到常数K中即可。因此，由于我们知道会有一个K，所以先不用考虑它，先把精力集中到f的函数形式上。当我们确定函数形式后，再插入一个K，并且知道K的值（由实验确定）与我们所用的单位系统有关。

设M、L和T分别为质量、长度和时间的量纲，那么，(5)左侧的单位为$\frac{M}{T}$。因为ρ、D和g的单位分别为$\frac{M}{L^3}$、L和$\frac{L}{T^2}$，那么再加入常数a、b及c，就可以得到

$$\frac{M}{T} = \left(\frac{M}{L^3}\right)^a (L)^b \left(\frac{L}{T^2}\right)^c = \frac{M^a L^{b+c-3a}}{T^{2c}}$$

即$a = 1$，$b+c-3a = 0$，且$2c = 1$。这些关系很容易就能简化为$a = 1$，$b = \frac{2}{5}$，$c = \frac{1}{2}$。因此，某一常数K（可由实验得到）为

$$\frac{dm}{dt} = K\rho g^{1/2}D^{5/2} \tag{6}$$

D 的指数很让人惊讶。如果流速与小孔的面积有关，这是一个完全合理的猜想，但是这种情况下指数应该为 2，而不是 2.5。但是真实的实验表明，当沙子流过不同尺寸的小孔后，得出的结论 (6) 是正确的。⑤

例 3：做点“破坏军事安全”的事吧：算算核爆当量！

最后一个物理学中采用量纲分析的例子很有戏剧性，来自于“二战”时期一个真实的故事。

1941 年，英国数学物理学家杰弗里·泰勒爵士（Geoffrey Taylor，1886—1975）被告知超级炸弹存在的可能性，而英国军方要求他思考大爆炸的物理学机制。他用非常复杂壮观的方式得出了结论，但是 10 年之后，在研究最高级别机密武器的圈子之外，有人表明，只需要运用非常简单的物理学知识就可以得到结果。

1945 年 7 月 16 日，在美国新墨西哥州的阿拉莫戈多沙漠，人类引爆了第一颗原子弹⑥，这是一种钚内爆装置。这颗代号“三位一体”（*Trinity*）的原子弹的爆炸过程被高速（10 000 帧 / 秒）摄影机拍摄了下来。1947 年，该影像被解密，扩张的火球的图像马上吸引了全世界的目光，图像上标有那个接近完美半球的火球⑦从引爆瞬间开始每一帧的瞬时半径和所经过的时间。然而，仍有一则重要信息未被解密，那就是爆炸的能量。美国当局决定仍然将其视为顶级机密。所以，在 1950 年，当泰勒用他 1941 年发明的理论，采用量纲分析的方法，对官方公布的核爆照片进行分析，并最终精确计算出这次爆炸的能量后，当局着实吃了一惊。下面是泰勒的计算方法。⑧

设火球的半径 R 是一个与爆炸能量 E_0、爆炸时的空气密度 ρ 以及从引爆瞬间开始经过的时间 t 有关的函数，可以得到

$$R = f(E_0, \rho, t) = KE_0^a \rho^b t^c \tag{7}$$

让 (7) 左侧的量纲等于右侧的量纲（记住 K 是无量纲的，它的值与所用的单位系统有关），可以得到[9]

$$L = \left(\frac{ML^2}{T^2}\right)^a \left(\frac{M}{L^3}\right)^b T^c = M^{a+b} L^{2a-3b} T^{c-2a}$$

即 $a + b = 0$，$2a - 3b = 1$，以及 $c - 2a = 0$，用这个等式系统很容易得到 $a = \frac{1}{5}$，$b = \frac{1}{5}$ 以及 $c = \frac{2}{5}$。因此

$$R = KE_0^{1/5} \rho^{-1/5} t^{2/5}$$

因为泰勒做过实验，在 MKS 单位系统（米、千克、秒）下，$K \approx 1$，由此可以得到

$$R = \left(\frac{E_0}{\rho}\right)^{\frac{1}{5}} t^{\frac{2}{5}} \tag{8}$$

所得的公式 (8) 十分简洁，但里面却包含着大量重要的信息。例如，如果我们制造两个炸弹，其中一个的爆炸能量是另一个的 5 倍，那么在固定的空气密度下，在炸弹引爆后的任意时刻，大炸弹的火球不是小炸弹的 5 倍，而是“只有” $5^{1/5} \approx 1.38$ 倍。或者，如果炸弹在高处爆炸时的空气密度只有地面的 $\frac{1}{3}$ 那么在炸弹引爆之后的任意时刻，火球的大小不是地面引爆情况下的 3 倍，而是只有 $3^{1/5} \approx 1.24$ 倍。

为了确定 (8) 是否真正描述了 1945 年的爆炸情况，泰勒对等式两边求对数，得到

$$\lg(R) = \frac{1}{5} \lg\left(\frac{E_0}{\rho}\right) + \frac{2}{5} \lg(t) \tag{9}$$

这表示，$\lg(R)$ 与 $\lg(t)$ 的曲线图是一条斜率为 $\frac{2}{5}$ 的直线。泰勒将火球扩

张的半径和解密后炸弹影像图上标记的时间画图，得到的几乎是一条非常完美的直线。泰勒在文章中写道："火球的扩张与爆炸和 4 年以前所做的理论预测非常吻合。"理论与实验的完美吻合非常引人注目。R 和 t 的值的范围都非常"大"，即当 t（秒）的变化范围为 $0.0001 \le t \le 0.062$ 时，R 的变化范围为 $11.1 \le R \le 185.0$（米）。

那么，泰勒是如何得到 E_0 的值的呢？把 (9) 写成

$$5\lg(R) - 2\lg(t) = \lg\left(\frac{E_0}{\rho}\right)$$

我们可以将爆炸图像中的任何一对 R 和 t 的值代入。所以，例如，当 $t = 0.062$ 秒时，$R = 185$ 米，可以得到

$$\lg\left(\frac{E_0}{\rho}\right) = 13.75$$

因此

$$E_0 = \rho 10^{13.75}$$

泰勒将空气密度 $\rho = 1.25$ 千克 / 米 ^{3} 代入，得到

$$E_0 = 1.25 \times 10^{13} \times 10^{0.75} \text{焦耳} = 7.03 \times 10^{13} \text{焦耳}$$

我们知道 E_0 的单位是能量的 MKS 单位（焦耳），因为其他所有量均为 MKS 单位。

人们常用"TNT 当量"来表示原子弹爆炸释放的能量，即其威力大小（武器工程师称之为"产出"），泰勒也将自己的计算结果换算成了 TNT 当量。（1 吨 = 1 000 千克 = 2 200 磅。）因为 1 磅 TNT 炸药释放的能量为 1.9×10^6 焦耳，所以 1 吨释放的能量为 4.18×10^9 焦耳，因此

$$E_0 = \frac{7.03 \times 10^{13}}{4.18 \times 10^9} \text{吨 TNT} = 16\,818 \text{吨 TNT}$$

这与泰勒文章中的数值（16 800 吨）非常接近。泰勒的计算结果和美国当局认为的那颗代号为“三位一体”的炸弹的当量保密值也极为接近，以致于曾有一段时间，泰勒被认为破坏了军事安全。

但他什么都没做。这只是“简单物理学”而已。

注释

① 哈维穆德学院伯顿・贝廷根物理学荣誉退休教授，在阅读本书初稿后写了一封电子邮件给作者。

②《帕金斯夫人的电热毯》，普利斯顿大学出版社，2009 年出版，第 13—15 页。量纲分析出现在物理学中已有很长一段时间，人们通常将量纲分析追溯至著名的英国物理学家詹姆斯・克拉克・麦克斯韦（James Clerk Maxwell，1831—1879）1863 年发表的一篇文章，但你也能在牛顿的著作中找到线索。

③ 我是在 A. B. 米格代尔（A. B. Migdale）的《量子理论中的定性方法》（*Qualitative Methods in Quantum Theory*）（W.A. 本杰明出版社，1977 年出版，原版于 1975 年在俄国出版）一书中看到这种方法的。

④ 你可能会问，发射速度 v_0 是多少呢？不过，v_0 不是一个自变量，因为在这个问题中，v_0 只由 h、g 和 m 决定。而在之前的开枪射出子弹的问题中，v_0 是一个自变量，因为 v_0 不只取决于 m 和 g，还取决于所用的火药量。

⑤ 可参考梅廷・叶尔舍（Metin Yersel）的《沙流》（*The Flow of Sand*），发表于《物理学教师》2000 年 5 月刊第 290—291 页。

⑥ 战争中使用的第一颗原子弹的代号为"小男孩"（Little Boy），在日本广岛爆炸，这是一颗铀弹（使用枪式，将一块低于临界质量的铀 -235 以炸药射向三个同样处于低临界的环形铀 -235，造成整块超临界质量的铀，引发核子连锁反应）。科学家非常确信这个方法会起作用，因此都没有实际测试该设计。战争中被投放于日本长崎的第二颗原子弹代号为"胖子"（Fat Man），是一颗复杂得多的内爆式钚弹（在内爆式结构中，将高爆速的烈性炸药制成球形装置，将小于临界质量的核装料制成小球，置于炸药中。通过电雷管同步点火，使炸药各点同时起爆，产生强大的向心聚焦压缩波，使外围的核装药同时向中心合拢，使其密度大大增加，也就是使其大大超临界。再利用一个可控的中子源，等到压缩波效应最大时，才把它"点燃"。这样就实现了自持链式反应，导致极猛烈的爆炸。）

⑦ 这里说的是半球，因为炸弹是在仅高于地平面 100 英尺的塔尖被引爆的。当然，

如果炸弹的引爆高度足够高，就会产生一个球形火球。

⑧ 可参考杰弗里·泰勒爵士的《由烈性爆炸形成的冲击波（第二部分）：1945 年的原子弹爆炸》（*The Formation of a Blast Wave by a Very Intense Explosion (part 2):The Atomic Explosion of* 1945），发表于《伦敦英国皇家学会学报 *A* 刊》（*Proceedings of the Royal Society of London A*），1950 年 3 月 22 日，第 175—186 页。泰勒这篇文章的第一部分包含了他在 1941 年所做的理论研究工作，发表于同一期刊物的第 159—174 页。第二部分还再现了一些美国当局解密的核爆火球照片。

⑨ 能量的单位为 $\frac{ML^2}{T^2}$，回顾能量的表达式：能量 = 力距离 = 质量加速度距离，所以能量的单位为 $(M)\left(\frac{L}{T^2}\right)(L)=\frac{ML^2}{T^2}$。

致谢

本书在出版过程中得到了很多人的帮助。

我在新罕布什尔大学物理学的图书馆里做了很多早期的文献搜索工作。在我埋头阅读的那些日子里，物理图书馆馆员希瑟·加格农给了我很大帮助。离开图书馆，步行至学生活动大楼，校园里那家名叫“邓金的甜甜圈”的店里的店员一直为我满上咖啡，因此我在写作时能保持头脑清醒。

当然，普林斯顿大学出版社的员工在本书的出版过程中发挥了至关重要的作用。我十分感谢超级优秀、长期以来一直帮助我的高级编辑薇琪·凯及其助理贝特西·布卢门撒尔，办事效率极高的本书的产品编辑德博拉·特加登，还有出版社的天才画家迪米特里·卡列特尼科夫和卡米娜·拉阿尔瓦雷斯·加芬，是他们把我画的业余水平的线条变成了艺术作品。

本书的文字编辑，亚利桑那州图桑市的芭芭拉，帮助我的行文看起来不像是在高中英语课上睡觉的学生的英语水平（事实上，我确实时不时地在英语课上睡觉）。芭芭拉也提醒了我为什么在亚利桑那州和加利福尼亚州驾车行驶是一件危险的事（参考第 2 章后唯一尾注中最后几句话）。还有三位匿名评论者提供了许多很有帮助的建议。

我之前在加利福尼亚州克莱尔蒙特市哈维穆德学院的同事汤姆·赫利维尔非常慷慨地同意为本书写序，并坚决拒绝除了我的感谢和本书的一本样书之外的任何报酬。最后，要感谢我的妻子帕特丽夏·安，她一直支持我的写作，尽管我一直都在感谢她，但我知道这份感谢表达得永远不够。

保罗·J. 纳辛

李镇，新罕布什尔州

2015 年 8 月

另外，非常感谢安妮·卡列特尼科夫为本书英文版封面所画的精彩而奇特的猫。这只猫的面部表情正好表达了本书的精神。

英文原书书影

GRAND CHINA

中　资　海　派　图　书

《生命大设计》

[美] 罗伯特・兰札　鲍勃・伯曼　著

杨泓　孙红贵　孙浩　译

定价：68.00 元

重新定义科学本质的意识领域探索之旅
深刻揭示生命与意识才是理解宇宙的基础

最新的科学发现告诉我们，宇宙中有 26.8% 的暗物质、68.3% 的暗能量和 4.9% 的普通物质，但我们必须承认，我们对暗物质和暗能量一无所知；科学发现正在指向一个无限的宇宙，但科学家却无法解释其真正的含义；时间、空间甚至因果联系等概念逐渐被证明是毫无意义的。

科学家无法解释亚原子状态与有意识的观察者做出的观察行为之间的联系；他们将生命描述为静默宇宙中的一次随机事件，却不了解生命是如何产生的，或者为什么宇宙似乎是为生命诞生而精心设计的。

在《生命大设计》一书中，罗伯特・兰札将宇宙万物和生命意识纳入同一框架，以全新的视角和宏大的视野展开叙述，提出了一个诠释宇宙及现实本质的全新宇宙理论：生物中心主义。